汤
汤水水保平安

湯飲
养生堂
1000 例

养生堂膳食
营养课题组
编著

中国轻工业出版社

目录

第一章 宁可食无肉 不可食无汤

第二章 汤的中医全面养生

第三章 不同职业的不同汤饮

第四章 全家保健汤

第五章 赶走亚健康

第六章 鲜汤 祛百病

第七章 四季养生汤

计量单位换算

1小匙=3克=3毫升

1大匙=15克=15毫升

1杯=200毫升

1碗=300毫升

第一章

宁可

食无肉 不可食无汤

『宁可食无肉，不可食无汤』决不是一句戏言，南方人更能体会其中的真谛。众所周知，南方人相当重视汤饮，几乎每顿饭都要有一款汤作陪，而北方人对汤饮的要求则相对次之，这大概是由地域间的习俗差异造成的。汤饮是否能为健康保驾护航呢？答案自然是肯定的。

第一节 汤 为健康添活力

JIAN KANG

现在养生已是许多人在忙碌生活中增进健康的一种生活方式了。不妨将汤和养生联系起来，让食疗、食补与健康结合在一起，为健康上一份保险。

繁忙的一天结束后，可以根据个人身体状况，按照不同的工作性质和工作强度，煲一锅适合自己的汤水，不要把今天的身体问题留到明天解决，这样身体才不会积劳成疾，这才是正确的生活态度，得法的养生之道，犒劳自己的最佳方法。

食疗食养 以汤为先

我国传统中医特别讲究食疗与食养。春秋战国时期，著名的医学典籍《黄帝内经》中，曾有这样的记载：五谷为养、五果为助、五畜为益、五菜为充，气味合而服之，以补精益气。唐代名医孙思邈在《备急千金方》一书第二十六卷《食治篇》中，指出多种具备食疗效果的肉、水果、蔬菜等食物，并给出了很多的食疗方，在这些食疗方中，汤品占有相当大的比例。

现代科学研究也证实，喝汤确实是进行食疗食养的方式之一：在煲汤过程中，各种食材、药材中的营养充分渗入到汤中，极易被人体吸收；汤中的食材多会被煮得比较软烂，食用这些食材，有利消化、吸收，减少了消化系统的负担。在生活中，我们有意识地学习些食疗、食养的知识，学做一些食

疗、食养汤品并经常饮用，对我们的健康大有裨益。

汤饮养生 备受推崇

中国有这样一句俗话："饭前喝碗汤，老了不受伤"，在我国，产妇大多以喝汤的方式滋补、催乳；很多身体虚弱或患有疾病的人，他们的家人会煲汤给他们调养；还有些人平常就喜欢喝些滋补汤，以达到防病强身的目的。有些人或许知道，朝鲜人特别喜欢喝蛇羹汤，他们认为，常喝这种汤可以延年益寿。当然，用汤水进行食疗、食补、食养，并非中国人或朝鲜人的专利，也不是刚刚掀起的热潮，用汤水食疗、食补、食养的方法早已传遍了世界各地。

相传在18世纪中叶，巴黎有一位名叫布朗乐的美食爱好者，对煲汤、喝汤情有独钟，

経他煮出来的汤，颇受人们欢迎。于是，在朋友的鼓励下，他开了一家专门经营汤水的小饭馆，并取名为"休养生息"。言外之意是告诉劳累一天的人们，可以到他这里慰劳一下疲惫的身体和饥饿的肠胃，重新找回精力旺盛的自己。虽然这只是一个传说，却能说明汤受人们欢迎的程度。

汤的保健功效

汤可以润滑口腔和肠胃，刺激胃液的分泌，起到帮助胃消化的作用，使汤中的营养成分被人体充分吸收，从而达到增进食欲的效果。法国名厨路易·P·贝高易在他的《汤谱》中说到："饭前一碗清汤如同一束使人心旷神怡的鲜花，这是对生活的一种安慰，也是消除紧张、疲惫、忧愁的一剂良药。"日本一家医学研究中心调查的资料显示：汤还可以降低某些恶性疾病的发病率，日本人比较喜欢喝酱汤，经常坚持饮用的人，患骨癌、肝硬化、心脏病的概率相对降低了许多。

会喝汤 才健康

每当提到汤，人们会不由自主地联想到蒸腾的热气、丰富的配料、美妙的滋味以及喝汤后滋润脏腑的感受。但是，并不是人人都能通过汤品达到养生保健的目的。喝汤也有一些讲究，俗话说"饭前喝汤，苗条又健康；饭后喝汤，越喝越胖。"因为饭前喝汤可将口腔、食道润滑一下，防止干硬食物刺激消化道黏膜，促进消化吸收，易增强饱腹感，从而降低人的食欲。如果吃饭后再喝汤，会影响食物的消化吸收。另外，喝汤的时间也有讲究，午餐时喝汤吸收的热量最少，而晚餐时间不宜喝太多的汤，否则快速吸收的营养堆积在体内，活动量又少，很容易导致体重增加。

促进肠道吸收

适合任何人群饮用

防治疾病

营养丰富

第二节

汤 中的营养成分
CHENG FEN

汤多是由谷物、蔬菜、鱼肉、蛋奶、杂粮、药物等组成的。对于汤的养生保健作用，还应归功于汤中的各种营养成分。现将汤饮食材中所含的几种主要营养成分做个介绍。

蛋白质

蛋白质是维持生命活动的重要物质，是建造一切细胞和组织结构必不可少的营养成分。

蛋白质是由氨基酸组成的，在人体内和自然界中，常见的氨基酸共有20多种，其中一些氨基酸不能由人体自行合成，或者合成的速度不能满足机体的正常需求，在这种情况下，只能通过饮食供应人体对氨基酸的需求量，这种氨基酸被称为必需氨基酸。

蛋白质的主要功能：

● 建造、更新和修复细胞。

● 组成体内必需的化合物。

● 调节体内酸碱平衡。

● 增强机体的抗病能力。

● 为人体提供热能。

蛋白质的分类及富含蛋白质的汤饮食材：

蛋白质分为完全蛋白和不完全蛋白两种，凡是含有人体必需氨基酸，且能维持人体正常的生长发育功能的蛋白质称为完全蛋白，这种蛋白多来源于鱼、肉、禽、蛋、乳制品中。缺少一种或几种人体必需氨基酸，只能维持生命活动的叫做不完全蛋白，植物中所含的蛋白质大多是不完全蛋白。

推荐补充蛋白质的汤品：

黑豆鲫鱼汤、鲜菇鸡汤等。

碳水化合物

碳水化合物又被称作糖类、碳水化物。是由碳、氢、氧三种元素组成的。按照其分子结构，又可将其分为单糖和多糖两种，单糖主要包括：葡萄糖、果糖、甘露糖等；多糖又包括：淀粉、糖原、果聚糖、纤维素等。

碳水化合物的主要功能：

● 构成机体的重要物质。

● 增进食欲。

● 促进胃肠蠕动。

● 为机体提供热能。

● 协助脂肪的利用。

富含碳水化合物的汤饮食材：

水果、蔬菜、谷类、豆类、动物血、动物肝脏、蜂蜜等。

推荐补充碳水化合物的汤品：

沙茶韭菜鸭血汤、白菜豆腐汤等。

脂类

中性脂肪、类脂质统称脂类或脂质。而天然的脂类又是由脂肪酸构成的。脂肪酸又可分为饱和脂肪酸和不饱和脂肪酸。

脂类的主要功能：

● 为机体提供热能。

● 是细胞构成的主要成分。

● 有利于脂溶性维生素的吸收。

● 参与胆固醇代谢。

● 是合成前列腺素、血栓素的原料。

富含脂类的汤饮食材：

牛、羊、猪、鸡、鸭、鹅等动物的肉。

推荐补充脂类的汤品：

萝卜羊肉汤、人参老鸭汤等。

维生素

维生素A

维生素在人体中扮演着重要角色，对维持人体健康有着重要作用。其中，维生素A与人体的正常发育密切相关，人体缺乏维生素A会出现一系列不适症状，如适应能力低下、夜盲症等，维生素A严重缺乏者还可能引发毛囊角化症、干眼病、角膜软化等症。

● 富含维生素A的汤饮食材：动物肝脏、胡萝卜、番茄、鸡蛋、牛奶、奶酪、大豆、菠菜、豌豆、红薯等。

● 推荐补充维生素A的汤品：枸杞猪肝汤、胡萝卜蛋花汤等。

维生素B$_1$

倘若人体缺乏维生素B$_1$会引起脚气病，表现为多发性神经炎、肌肉萎缩、水肿、心动过速、心悸气喘等。

● 富含维生素B$_1$的汤饮食材：谷物、酵母、干果、硬果、动物肝脏、瘦猪肉、芹菜、莴笋叶等。

● 推荐补充维生素B$_1$的汤品：瘦肉芹菜汤、无花果猪肝汤等。

维生素B$_2$

缺乏维生素B$_2$同样会诱发多种疾病，如口角炎、角膜炎、舌炎、唇炎等。

● 富含维生素B$_2$的汤饮食材：动物性食物，以心、肾、肝中含量最多，蛋、奶、豆类、新鲜绿叶菜中含量也很多。

● 推荐补充维生素B$_2$的汤品：黄豆煲猪脚、菠菜鸡蛋汤等。

维生素C

维生素C是防治坏血病的白色或微黄色晶体，又被称作抗坏血酸。其主要功能是促进伤口愈合，此外，对铅、苯、砷等有毒物质，还具有一定的解毒作用。维生素C还是一种抗氧化剂，能有效保护维生素A、维生素E、B族维生素的吸收及利用。

● 富含维生素C的汤饮食材：新鲜的蔬菜和水果。

● 推荐补充维生素C的汤品：小白菜蘑菇汤、菜花肉末汤、番茄鸡蛋汤等。

第三节 **烹** 调有方味道美

FANG FA

　　汤好不好喝，不仅与煲汤的方法有关，还要选择适当的调味品，只有将二者结合起来，才能烹调出味道鲜美、营养丰富的汤品。

　　煲汤的方法多种多样，最常见的应属以下几种：

 氽

　　氽是指对一些烹饪原料进行过水处理的方法，是煮汤的常用方法之一。氽菜的主料多加工成细小的片、丝、花刀形或丸子，而且成品汤比较多。氽属于旺火速成的烹调方法，其特点是：质嫩爽口、清淡解腻。操作要求为：

● 氽汤所用的材料一般应切成片、丝、条或制成丸子。

● 这种制法容易产生浮沫，要除去。

 煮

　　所谓煮汤，和氽有些相似，但煮比氽的时间长。煮是把主料放在汤汁或清水中，用大火烧开后，改用中火或小火慢慢煮熟的一种烹调方法。煮汤的特点是：口味清鲜、汤菜各半。操作要求为：

● 加热的时间略长一些。

● 汤汁较多，要做到汤菜各半，不需要勾芡。

● 在煮的过程中，汤要一次性加足，不要中途续加，否则影响味道。

炖

　　炖汤和烧汤大致相似，二者的不同之处在于，炖要先用葱、姜炝锅，再冲入汤或水，烧开后下入主料，先大火烧开，再小火慢炖。炖汤的主料要求软烂，一般是咸鲜味。其特点是：汤汁清醇、质地软烂。其操作要求为：

● 炖一款美味鲜汤，还要在选料上细思量，最好选择韧性较强、质地较坚硬的块状原料。

● 炖汤不需要勾芡。

煨

　　所谓的煨，是指将质地较老的原料放入锅中，用小火长时间加热直到原料熟烂为止。其特点是：主料酥烂、汤汁浓香、口味醇厚。操作要求为：

● 煨汤必须选择质地较老、纤维较粗、不易成熟的原料，并将其切成较小的块状。

● 煨汤要用小火长时间煨煮。

● 汤汁不用勾芡，盐一般在最后放入。

煲汤时常用的调味品：

名 称	介 绍
十三香	顾名思义，是由13种调料配制而成的。不过，有些商家为了推出自己的特色，常辅以少许其他香料。由于配方不同，味道当然也有一定的差异，将其应用在煲汤中，能提高汤品鲜味。
香油	香油是由白芝麻提炼而成。汤品煲好后，滴入几滴香油，可增加香味。
料酒	料酒是一种常见的调味品，几乎每家每户的厨房中都有。在煲汤过程中，料酒能起到去腥味的作用，还可以达到保鲜的功效。在煲鱼、贝类、肉类汤的过程中，加点料酒，不但可以溶解一部分油脂，还可以使汤品散发出鲜香味。
鸡粉	其主要材料为鸡肉，经过加工配制而成，成品中具有鸡肉的鲜香味，在汤品即将出锅前加入。
蚝油	蚝油是以牡蛎为原料加工制造而成的，是一种不可多得的调味品。其口感咸鲜微甜，具有牡蛎特有的鲜美滋味。根据含盐成分的多少，可将蚝油分为淡味蚝油和咸味蚝油。一般在汤品煲好后滴入，起到增鲜、提味的作用。当然，也可与其他调味品配合使用。
番茄沙司	番茄沙司是由番茄酱、白糖、果醋、盐等多种香辛料精制而成的，倘若想煲出一锅具有酸辣味、酸甜味、酸咸味的汤品，番茄沙司就是最好的选择。在调味过程中，番茄沙司的用量，可根据个人口味酌情处理。番茄沙司不但具有调味功效，还具备健胃消食、生津止渴、凉血平肝的作用。
姜汁	姜汁是以姜为原料压榨而成的，常与葱、蒜搭配使用，口味微辣，能起到去腥提香的作用。
米露	米露是由大米、糙米、香料、纯净水等酿制而成。口味香浓，富含大量维生素，对人体大有补益，适合各类人群食用。值得注意的是：使用过程中，不易长时间加热，以免破坏其中的营养元素，在汤品出锅前滴入即可。
椰浆	椰浆是由鲜椰汁制造而成的，在汤品中，加入适量的椰浆，可为汤品增色，增进食欲。长期食用，还可以美白滋润肌肤。

第四节 清体质喝对汤

TI ZHI

医学上讲究对症下药，喝汤也应该遵守这样的原则。由于人与人之间在体质上存在着差异，因此，适合饮用的汤水种类也不尽相同。只有根据个人状况，对症喝汤才能起到养生、保健的功效。下面就简单地介绍几种常见体质，方便人们进行自我评估与判定，煲出适合自己喝的汤水。

阳 虚 型 体 质

【症状表现】 面色苍白、身体发冷、四肢冰凉、容易疲倦、萎靡不振、大便不成形、小便无色且量多。

【成因】 阳虚是指阳气不足，体内阴阳失调，阴大于阳所致。阳虚者比较容易冷。阳虚型体质与阴虚型体质相对存在。

【推荐食材与药材】 该种体质者，应多吃些具有温阳功效的食品。如羊肉、狗肉、鹿肉、灵芝、海马、芡实等。

【推荐汤品】 山药芡实海马鹿肉汤、滋补灵芝壮阳汤、羊肉汤等。

【专家提醒】 不要食用消阳壮阴类食物。

面色苍白　容易疲倦　身体发冷　小便无色　排泄物反常　四肢冰凉

头晕目眩　面色发红　心烦失眠　手、脚心发热

阴 虚 型 体 质

【症状表现】 口干舌燥、心烦失眠、面色发红、潮热盗汗、体形消瘦、头晕目眩、心肺燥热、耳鸣、大便干燥、尿色偏黄、手心及脚心发热等。

【成因】 阴虚是指阴液不足，主要包括：人体津液、血液亏损。人体内只有保持阴阳平衡，才能维持健康状态。但是二者之间存在着此消彼长的形态。在波动范围内，消得太过或长得太多，都可能致病。

【推荐食材与药材】 阴虚体质者，应多吃具有补阴功效的食品，如：芝麻、豆腐、鱼、乳制品等。

【推荐汤品】 川贝雪梨苹果猪肺汤、白菜豆腐汤、番茄豆腐鱼丸汤等。

【专家提醒】 葱、姜、蒜、椒属于辛味之品，阴虚型体质者最好少吃。

汤饮养生堂1000例

气郁型体质

胸闷气短

五脏恶气

热气结滞

腹气满胀

受气昏厥

【症状表现】 腹气满胀、受气昏厥、五脏恶气、胸闷气短、热气结滞等。

【成因】 气郁型体质是由于气不能畅快运行所致。这就好比上下班时间，路上的车辆较多，只能慢慢行驶，不能快速前行一样。

【推荐食材与药材】 该种体质者适合食用具有顺气功效的食品，如：佛手、橙子、柑皮、荞麦、茴香菜、香橼、火腿等。

【推荐汤品】 荞麦面疙瘩汤、火腿鸡蛋汤等。

【专家提醒】 酒具有活动血脉的作用，气郁型体质者，可适当饮些酒，以便提高情绪，疏散心中闷气。

   气虚型体质

常出冷汗

头晕目眩

食欲不振

备感乏力

小便清长

【症状表现】 面色苍白、气短，说话时声音非常微弱，容易出现头晕目眩的现象；食欲不振、常出冷汗、备感乏力、大便稀、小便清长，容易感冒。

【成因】 气虚主要是指气的来源不足或消耗过度，使全身脏腑功能衰竭。大多是由于重病久病、营养不良、营养失调、年迈体衰造成的。饮食失调、年老体弱、操劳过度者，容易出现气虚现象。

【推荐食材与药材】 气虚型体质的人，应多喝一些具有补气健脾功效的汤品，多食用一些具有补气强身作用的食物，如：人参、莲子、猪肉、牛肉、羊肉、鸡肉、粳米、小米、黄米、大麦、山药、白术、大枣等。

【推荐汤品】 人参莲子汤、苦瓜猪肉汤、乌骨鸡莼菜汤、咖喱肉丸子汤等。

【专家提醒】 忌吃破气耗气之物；忌吃生冷性食品；忌吃油腻厚味辛辣性食物。

实 热 型 体 质

舌苔黄涩

脸色较红

口干舌燥

体温相对较高

便秘

小便色黄且少

【症状表现】 体温相对较高、口干舌燥、便秘、小便色黄且少、舌苔黄涩、脸色较红、常长青春痘。

【成因】 该种体质大多出现在疾病的初期或中期，或由于积食、痰、水湿、淤血等引起。

【推荐食材与药材】 该种体质者，体内实火较大，适合食用具有清凉降火功效的食品，如：菊花、金银花、绿豆、茯苓、决明子、黄连等，大凡能散热解毒的材料都可选用，以便疏散体内实火、清热解毒、利尿通便。

【推荐汤品】 海带清热汤、紫菜瘦肉花生汤、绿豆老鸭汤等。

【专家提醒】 忌食用辛辣性食物，如辣椒、姜、葱、酒等；温阳性食物也尽量不吃，如：牛肉、狗肉、鹿肉等。该种体质者，尤其是老年人，要积极参加体育活动，让体内多余的阳气散发出去。

痰 湿 型 体 质

痰多且稠

目眩

恶心

胸闷气短

大便不成形

【症状表现】 痰多且稠、胸闷气短、食欲欠佳、大便不成形、恶心、咳嗽痰多、目眩。痰对健康的危害很大，由于痰随着气血在身体内外到处运行，如果痰停留在经络处，会引发多种疾病，如：身体麻木、手脚欲伸不力、半身不遂等，倘若痰结聚在局部，如头部淋巴结核或手部腱鞘囊肿等结块。

【成因】 这种体质的成因，主要在于人体内痰湿过盛造成的。

【推荐食材与药材】 此种类型体质者，最好饮用一些具有健脾利湿、化痰祛痰功效的汤水。汤水的最佳原材料为：白萝卜、紫菜、海蜇、洋葱、扁豆、赤小豆、胖大海、杏仁等。

【推荐汤品】 萝卜羊肉汤、海米紫菜汤等。

【专家提醒】 痰湿型体质者，最好不要饮用油腻味重的汤水。

血虚型体质

头晕目眩

面色苍白

呼吸急促

指甲泛白

手脚发麻

【症状表现】 面色苍白、指甲泛白、精神疲乏、呼吸急促、头晕目眩、注意力不集中、手脚发麻等。

【成因】 血虚主要是因为体内血液不足，不能滋养脏腑、通经活络、为身体各个部位送达养分。营养不良、脾胃虚寒、过度犹豫都会造成血虚。

【推荐食材与药材】 这种类型体质的人，适合食用一些具有补血功效的食品，如：桑葚、荔枝、松子、木耳、甲鱼、羊肝、海参等。

【推荐汤品】 百合大枣甲鱼汤、茶树菇猪肝汤、枸杞叶猪肝汤等。

【专家提醒】 忌食味苦性寒凉类食物，如荠菜、山楂、橘子、蚌、槟榔以及生冷黏腻及不易消化的食品，如油炸、干硬类食品等。另外，该种体质者除了要注意饮食，还应加强体育锻炼，但运动量应适中。

血淤型体质

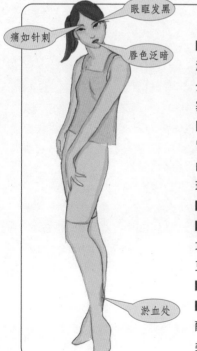

眼眶发黑

痛如针刺

唇色泛暗

淤血处

【症状表现】 唇色泛暗、眼眶发黑、出血紫暗、痛如针刺。淤血一旦形成，血液不仅不能及时为身体各个部位输送养分，还会反过来影响全身或局部血液的运行，导致经脉堵塞、疼痛、出血等症状。因血淤产生的疾病有很多种，但淤阻的部位不同出现的症状也不尽相同。倘若淤阻部位在肠胃，便会出现呕血、大便暗黑的现象，倘若淤阻部位在女性的卵巢、子宫，极易出现痛经、闭经、经血中携带血块的现象。

【成因】 该种体质的形成，归根结底是由气血淤滞造成的。

【推荐食材与药材】 这种体质者适合食用一些具有活血化淤功效的食品，可选用的材料有：桃仁、油菜、慈姑、黑大豆、益母草、牛膝等。

【推荐汤品】 米汤煮油菜、核桃仁山楂汤等。

【专家提醒】 此种类型体质者，可长期适量饮酒。忌味苦酸、性寒的食物，如柿子、石榴等，以及胀气之物，如豆类、红薯、甜食等。

 第五节

五花八门的汤汤水水

WU HUA BA MEN

汤可分为很多种，随着社会的发展，汤的品种也在不断变化，以下列举几种较为常见的汤：

清淡汤

这里所说的清淡汤，就是指味道比较清淡的汤，加热时间较短，口感比较滑嫩，汤汁清淡而不混浊，这是其独具的特色，适合喜好清淡人群饮用。由于材料加热的时间不长，所以鲜味无法在汤中完全释放，因此必须靠调料或高汤提味。如家常的青菜豆腐汤、蛋花汤等。还有一些不用高汤调味，直接以材料本身的原味提鲜，这时要用小火慢熬，如用大火烧，材料不容易煮烂，汤汁会快速蒸发，造成汤汁混浊，失去美感。

甜汤

味道甜美、材料选择多样，有常见的红豆、绿豆、花生，也有较为高级的黑糯米、芝麻、核桃等。甜汤的做法多种多样，广东人称之为糖水，由于对火候、制作时间的要求很高，所以做出来的糖水大多具有养颜美容、滋补润肺的作用。每天坚持喝一碗，可使皮肤白皙水嫩。

高汤

高汤选用的材料主要分为猪骨、鸡骨和鱼骨等。高汤材料的制作、选择各有利弊，当然要选其优点，如此方能熬出物美价廉的高汤。高汤是烹饪中常用到的一种辅助原料，有了好高汤，再加入其他食材，滋味更鲜美，如拉面汤。

浓汤

浓汤的味道比较醇厚，它是以高汤做汤底，添加各种材料一起煮，再以大量的淀粉料勾芡，让汤汁呈现浓稠状，此汤一般称为浓汤，如玉米浓汤。

羹汤

虽然也是以粉料勾芡，但和浓汤间还存在一些差异，羹汤所用的粉料以淀粉或玉米粉为主，食材要切细或切碎。若形状体积稍大，煮的时间要长一些，材料才能软烂，以免勾芡后黏在一起，如海鲜羹汤、肉羹汤。

好汤需要好器具

第六节 QI JU

做汤时，器皿的选择是一个很重要的环节，有人认为：一个炒菜锅可一通百通，这种想法是错误的。每种汤锅都有其独特的作用。想要省钱、省时地煲出一锅味道鲜美的汤品，就必须先了解做汤工具的种类和正确的使用方法。

高压锅

高压锅能在最短的时间内迅速将汤品煮好，食材营养却不被破坏，既省火又省时，适于煮质地有韧性、不易煮软的原料。但高压锅内放入的食物不宜超过锅内的最高水位线，以免内部压力不足，无法将食物快速煮熟。

瓦罐

制鲜汤以陈年瓦罐煨的效果最佳。瓦罐是由不易传热的石英、长石、黏土等原料配合成的陶土，经过高温烧制而成。其通气性、吸附性好，还具有传热均匀、散热缓慢等特点。煨制鲜汤时，瓦罐能均衡而持久地把外界热能传递给内部原料，相对平衡的环境温度，有利于水分子与食物的相互渗透，时间维持得越长，鲜香成分溢出得越多，煨出的汤滋味就越鲜醇，被煨食品的质地就越酥烂。

焖烧锅

这种锅适合煲纤维较多的猪肉、牛肉、鸡肉类汤品，或豆类、糙米等坚硬谷豆类汤品。焖烧锅的最大特点是，将原料放入内锅中煮沸，再放入外锅中，静置一两小时，再把原料渐行熟透。既可省煤气，又可保留食物中的营养成分。用焖烧锅烹调时，放入的食物不宜太少，以满为佳。

砂锅

用砂锅煲汤可保持原汁原味。砂锅可耐高温，经得起长时间的炖煮。用砂锅煲汤时，要先放水，再把砂锅置火上，先小火慢煮，再大火煮。砂锅煲汤，汤汁浓郁、鲜美且不丢失原有的营养成分。不过砂锅的导热性差、易龟裂，新砂锅最好不要直接用，第一次用最好先在锅底抹一层油，放置一天后洗净煮一次水再用。

第七节 四季喝汤各不同
SI JI

随着季节的转变，身体所需要的营养也会发生变化。如果不在合适的季节喝适当的汤，不仅起不到保健的作用，反而很可能会给身体增加负担。

春回大地，万物复苏，在这乍暖还寒的季节里，最适于细菌、病毒繁殖传播，一些疾病会毫不客气地向人类发起进攻，如流感、肺炎、支气管炎、猩红热以及病毒性感染等疾病，会威胁到人们的健康。此时，人们除了做好防范措施以外。还应在饮食上多加注意。春季养生中既要注意春季阳气生发的特点，扶助阳气，又要避免伤及脾胃。中医学称脾胃为"水谷之海"，有益气生营血之功。故应在饮食调理中少吃酸味，多吃甜味，以养脾脏之气。

一年四季中，夏季是阳气最盛的季节，对人来说，此时是新陈代谢最旺盛的时期，人体阳气外发，伏阴在内，气血运行也相当旺盛。为了尽快适应炎热的夏季，毛孔会以排汗液的方式带走热量，调节体温。《黄帝内经》里有这样的记载："春夏养阳"，意思是说，虽然夏季比较炎热，但仍然要注意保护体内的阳气。盲目地解暑，会损伤体内的阳气，诱发疾病。

夏季饮食宜爽口，但不一定要以蔬菜为主，可不时地煲些鸡汤，只要制作合理，就能达到消暑目的。值得注意的是，夏季煲汤最好不加"药补"材料，否则容易上火。

秋

酷热的夏天过去了，天高云淡的秋季紧跟其后，而燥气也伴随着凉爽到来了。中医认为，燥气有温、凉之分，通常情况下，早秋气温仍然比较高，因此称之为温燥；晚秋气温相对下降，因此称之为凉燥。不管是温燥还是凉燥，总会使人产生不适感，皮肤干燥、体液缺乏是秋季反映在人体上最显著的现象。不过，在临床上，温燥与凉燥给健康带来的伤害，是有一定的区别的：温燥伤人，常表现为不恶寒或微恶寒，发热较明显；凉燥伤人，不发热，反之，恶寒较明显。由上可知，秋天养生主要是养护好体内的阴气，那么，人们通过饮食保护体内阴气，应当注意些什么呢？

由于秋季比较干燥，一些清淡可口，具有润肺生津功效的汤水，是最理想的保健食品，可起到滋润肌肤、内脏的作用，减轻燥邪对机体的伤害。

还有一点人们也应给予足够的重视，刚从夏季过来，多数人不能很快适应秋季的特征，身体机能也需要经过一段时间的调整才能适应，人们普遍认为秋季是进补的最佳时节，于是，刚进秋季便整鸡整鸭地大吃起来，这种做法是不正确的。应多吃些鱼、虾、蛋、肉馅类食物，给肠胃在夏秋交替过程中建造一个过渡桥梁。

冬

许多人认为冬天天冷人不易出汗，热量散发少，因此吃饭就不用餐餐有汤了。其实，这是一个误解，汤不仅夏天要多喝，冬天也要多喝。冬天是进补养身的最佳时节。冬季喝汤不仅利于消化吸收，更能达到养生健身的目的。同时冬天气候寒冷，人易患感冒，多喝汤是预防感冒的有效方法。鸡汤、骨头汤、鱼汤、菜汤都可为人体提供所需养分，起到提高免疫力、净化血液的作用，能及时清除呼吸道的病毒，有效抵御感冒病毒。

同时，寒冷的气候容易使人体氧化产热加强，机体中的维生素代谢也出现了明显地改变。此时，要及时补充维生素，避免给人体造成伤害。实验表明，维生素A能增强人体的耐寒能力；维生素C能提高人体对寒冷的适应能力，并且还能有效保护血管。在多种补充营养的方法中，喝汤是最直接、最有效的方法之一，寒冷的冬季里，除了多喝鸡汤、骨头汤外，还应多喝些以动物肝脏、胡萝卜、深绿色蔬菜为材料的汤品，以补充人体所需的维生素。

第八节

喝汤养生的注意事项

ZHU YI ■■■■ ■■

如果说煮汤要讲究一定的方式方法,那么喝汤也要遵守一定的原则,什么时候喝、怎样喝都有其特定的章法,喝得合理,则延年益寿,喝得不得法,则适得其反。那么,喝汤应注意哪些问题呢?

汤饭不能混合吃

有人喜欢吃"汤泡饭",这是非常不科学的吃法,对健康有弊无利,时间长了,会引发胃病。众所周知,嚼烂的食物容易被胃肠道消化吸收,有利于身体健康。而汤与饭混合在一起吃,食物在口腔中尚未被完全嚼烂,就与汤一同进入了胃中,食物没有充分咀嚼,唾液分泌得少,与食物混合搅拌不均匀,淀粉酶也会被汤水稀释,这无形中给胃增添了许多负担,更何况,胃和胰脏分泌的消化液本来就不多,而且还被汤冲淡了,吃下去的食物,更不能得到很好的消化吸收,这就形成了一个恶性循环,久而久之会引发多种疾病。

汤、渣要一起吃

大多数人认为:汤经过长时间煲煮,"渣"中的营养素已全部融进了汤中,因此,渣就失去了食用价值。实际上,这种看法有些片面。有关实验证明:用鱼、鸡、牛肉等,

富含高蛋白的材料煮汤,6小时后,汤看上去已经很浓了,可实际上只有6%~15%的蛋白质融进了汤中,其余的85%仍留在所谓的"渣"中。由此可见,有些汤的"渣"并非没有食用价值,喝汤时,最好连"渣"一同食用,这样不会造成浪费。

汤、渣齐吃营养高

忌喝单一种类的汤水

人体所需的营养成分五花八门,一款汤中不可能将所有营养元素全部包含在内,因此,爱喝单一种类汤水的人,易出现营养不良的现象。医学上提倡用几种动物与植物性食品混合煮汤,不但可以使鲜味相互交融,还能为人体提供必需的氨基酸、矿物质和维生素,从而达到维护身体机能的目的。

不喝60℃以上的汤

人的口腔、食道、胃肠道能承受的最高温度为60℃，一旦超过了这个底线，会造成黏膜烫伤，尽管人体温有自行修复的功能，但反复损伤也会使上消化道黏膜恶变。据调查材料表明，喜欢吃烫食的人，食道癌的发病概率要高于常人。那么汤在什么温度时，最宜服用呢？为了维护健康，将汤的养生作用发挥出来，最好待汤冷却到50℃以下时饮用。

好烫的汤哦

饭后喝汤有害健康

常言道："饭前喝汤，苗条健康；饭后喝汤，越喝越胖。"

这种说法是有科学依据的。饭后喝汤不但会越喝越胖，还会影响健康。因为，最后喝下的汤会把原来已经被消化液混合好的食物稀释，影响食物的正常消化，给胃肠道增加负担。

女性应对症喝汤

工作繁忙使职业女性备感疲惫，经常感到心烦、疲倦、睡眠不佳、肤色暗淡，这些都是生活压力造成的，女性应该懂得爱惜自己，经常喝些具有食疗效果的汤水，就能令自己轻松应对每一天。当然，这必须在对症喝汤的前提下，才能达到目的。

失眠、肤色暗淡的女性：应该用虫草老龟汤予以滋补。冬虫夏草与老龟一起饮用，有健脾、安神、美白肌肤的功效。

月经不调、皮肤粗糙的女性：应及时用红枣乌鸡汤予以滋补。红枣自古就有补血的功效，乌鸡也是益气、滋阴的佳品，对调经补血有良好的效果。

脾胃不强、满脸痘痘的女性：可用土茯苓老龟汤补养身体。此汤具有清热解毒、健脾胃的效果。

工作压力较大的女性：可用花旗参甲鱼汤滋补身体。此汤能补气养阳，清火除烦，养胃，对工作繁忙、压力过大的女性有很好的滋补作用。

秋冬肺热、咳嗽多痰的女性：虫草煲水鸭汤是最好的选择，此汤具有补肺益肾、止血化痰的作用，中医认为，鸭肉属凉性食物，夏季食用最为适合，值得注意的是：脾胃虚寒、胃溃疡者最好不要食用，以免适得其反。

压力性头痛的女性：可用天麻乳鸽汤调养身体。天麻对治疗头痛目眩、肢体麻木有特别好的效果，乳鸽的营养较为丰富，而且口感滑嫩。

正确的喝汤方法是饭前先喝几口，为口腔、肠道涂抹一层润滑剂，减少干硬食物对消化道黏膜的损害，促进消化腺分泌，起到帮助消化的作用。吃饭过程中喝汤，对食物的搅拌和稀释有很大帮助，有益于胃肠道对食物的吸收和消化。

第九节 煲

煮美味鲜汤的八大法则

FA ZE

民以食为天，而食的本质是营养，在外忙碌了一天，回到家如果能喝上一碗滋味鲜香、营养丰富的汤，感觉真是不一样。要使汤真正发挥出强身健体、防病强身、增强体质的作用，就要在制作方法上下一番苦功夫。

选择新鲜材料

新鲜并不是历来所讲究的"肉吃鲜杀鱼吃跳"的"时鲜"。现代所讲的鲜，是指鱼、畜、禽杀死后在3～5小时内烹调，此时鱼或禽肉的各种酶使蛋白质、脂肪等分解为氨基酸、脂肪酸等人体易吸收的物质，不但营养最丰富，味道也最好。

清除蔬菜上存留的农药

当前提倡食用绿色无公害食品，但是，受许多客观因素的制约，人们无法达到这种要求，在此情况下，清除蔬菜上的农药，就成了一个重要问题。煮汤前，如何清除蔬菜上的农药呢？有两种常用方法，值得人们借鉴：一种方法是，先将蔬菜用清水冲洗干净，然后将蔬菜浸入盛放小苏打水的盆里，浸泡5～10分钟，然后，再用清水冲洗干净即可；另外一种方法是，先用清水将蔬菜冲洗干净，然后，将其放入清水盆中，并滴入几滴果蔬清洗剂浸泡片刻，最后用清水冲洗干净即可。

小贴士

用果蔬清洗剂洗蔬菜时，不要浸泡过久，以免清洗剂中的化学成分渗入蔬菜中。

配水要合理

水既是鲜香食品的溶剂，又是食品的传热媒介，还是汤的精华。水温的变化、用量的多少，对汤的味道有着直接的影响。煮汤时，用水量一般控制在主要食材重量的两三倍，也可按熬一碗汤加2倍水的方法计算。

把握原材料切放时机

一些需要长时间炖煮的材料，如：肉、鱼、某些根茎类的蔬菜，可同时放入锅中，根茎类蔬菜，宜切大块；一些比较易熟的嫩叶类蔬菜，最好在起锅前几分钟放入，以保证食材成熟度一致。

调料添放要适度

做汤的基本调料有：盐、酱油、酱、豆豉、番茄酱、醋、味精、鸡粉、蚝油、虾油、辣椒、姜、葱、花椒、八角、香叶、丁香、孜然、肉蔻、小茴香、陈皮等。广东人煲汤讲究原汁原味，不喜欢往汤中加入过多调味品，担心破坏食材原有的鲜香味。广东人的这种意识是健康的，过多地加入调料，的确会影响汤的口感，破坏汤的营养成分，因此，不宜放入过多。

材料搭配要适宜

许多食物之间已有固定的搭配模式，使营养相互补充，即汤水中的"黄金搭档"。例如将酸性食品——肉，与碱性食品——海带组合在一起，就是一个完美的组合，不仅汤的味道鲜美，营养价值还很高，人们称这种汤为"长寿食品"。

为了使汤的味道比较纯美，一般不提倡用多种肉煨一种汤。

把握好煲汤的时间

按照时间分，汤可分为炖汤和煲汤，二者在时间上存在着差别，炖汤用的时间较长，有个口诀是"煲三炖四"就是对此最好的说明。煲汤与炖汤的方法也不相同，煲汤是直接将锅放在火上煮，3小时左右即可；而炖汤则是先以大火烧开，再用小火长时间慢煮为原则，时间应控制在4小时以上。

火候大小决定汤的质量

每提到煲汤，人们的直观想法就是将一锅材料放在大火上，长时间地熬。殊不知，这种做法会影响汤的营养价值，汤对火候的要求很高，一锅味道鲜美的汤，是用大火炖煮还是用小火慢熬，要因所选原材料而定。胡乱用火，会破坏汤中的养分。

老火汤，一般用大火煮沸，再用小火煮熟的方式烹调。

第十节 **美**味鲜汤禁忌多

JIN JI ▪ ▪ ▪

煲一锅色、香、味俱全的汤品并非一件易事，出现"一着不慎，满盘皆输"的局面，也是大有可能的，因为，煲汤的学问非常大，禁忌也很多，必须多加小心才行。

煲汤过程中的禁忌

● 忌中途添加冷水，因为正加热的肉类遇冷收缩，蛋白质不易溶解，汤便失去了原有的鲜香味。

● 忌早放盐，因为早放盐能使肉中的蛋白质凝固，不易溶解，汤色发暗，浓度不够。

● 是忌过多地投放葱、姜、料酒等调料，以免影响汤汁本身的鲜味。

● 是忌过早过多地放入酱油，以免汤味变酸，颜色变暗发黑。

● 是忌让汤汁大滚大沸，以免肉中的蛋白质分子激烈运动破坏汤的混浊。

具有食疗功效的汤液，也就是药膳的配伍，是以中医和中药的理论为指导，所以在搭配时必须慎重。既要考虑到药物的性味、功效，也要考虑到食物的性味和功效。二者必须一致，不可性味、功效背道而驰。

药材、食材对对碰

人参 ✕ 萝卜、龟肉	白术 ✕ 青鱼、桃、李子、白菜、香菜、大蒜
茯苓 ✕ 食醋	甘草 ✕ 猪肉、白菜、海菜
地黄 ✕ 猪血、萝卜、葱、蒜	何首乌 ✕ 猪血、葱、蒜、萝卜
当归 ✕ 生姜	牛膝 ✕ 牛肉
补骨脂 ✕ 猪血、油菜	仙茅 ✕ 牛肉、牛奶
附子 ✕ 豉汁	天冬 ✕ 鲤鱼、鲫鱼
黄连 ✕ 猪肉、冷水	半夏 ✕ 羊肉、羊血、饴糖
薄荷 ✕ 鳖肉	丹参 ✕ 食醋

每种食材都有其特定的性味归经，搭配过程中，必须小心谨慎。下面内容可供参考。

食物对对碰

山楂 ✗ 萝卜		柿子 ✗ 螃蟹		大蒜 ✓ 黄瓜		蜂蜜 ✓ 牛奶	
豆芽 ✗ 猪肝		黄瓜 ✗ 辣椒		青椒 ✓ 鳝鱼		鸡肉 ✓ 栗子	
羊肉 ✗ 西瓜		菠菜 ✗ 豆腐		大蒜 ✓ 猪肉		猪腰 ✓ 木耳	
香蕉 ✗ 酸奶		海参 ✗ 醋		鲤鱼 ✓ 醋		木耳 ✓ 豆腐	
芹菜 ✗ 兔肉		番茄 ✗ 土豆		鸡蛋 ✓ 虾		香菇 ✓ 油菜	
猪肉 ✗ 田螺		螃蟹 ✗ 梨		豆腐 ✓ 鱼		海带 ✓ 排骨	
鲫鱼 ✗ 冬瓜		菠菜 ✗ 黄瓜		牛肉 ✓ 葱		韭菜 ✓ 豆腐	

人在生病期间，身体是最虚弱的时候，对饮食的搭配要求也相对较高，给病人煲汤时，还需有意识地回避那些与疾病相冲突的食材。

病症、食物对对碰

感冒	✗ 酒、辣椒以及油腻性食物
	✓ 莲藕、百合、荸荠
病毒性肝炎	✗ 酒、蛋黄以及油腻、生冷食物
	✓ 鸡蛋、豆浆
痢疾	✗ 鱼、肉、牛奶、鸡蛋、韭菜
	✓ 菜泥、苹果泥
肺炎	✗ 葱、韭、大蒜
	✓ 米汤、绿豆汤、蔬菜
支气管哮喘	✗ 羊肉、牛肉、狗肉、韭菜，以及葱等辛辣食物
	✓ 老母鸡、乌骨鸡、甲鱼、猪肺
肺结核	✗ 辣椒、生姜、洋葱、韭菜、羊肉、狗肉、猪头肉、公鸡、虾、蟹
	✓ 梨、罗汉果、核桃、柿子、百合、白萝卜、豆浆、猪肺
高血压	✗ 蛋黄、动物内脏
	✓ 土豆、香蕉、葡萄、樱桃、石榴、番茄
低血压	✗ 菠萝、萝卜、芹菜、冷饮
	✓ 动物脑、肝、蛋黄、奶油、鱼子

第十一节 **汤**水好伴侣——常用的养生保健药材

YAO CAI ■ ■ ■ ■ ■ ■

认识15种汤饮常用的药材：

枸杞子

【性味归经】性平，味甘。
【适用体质】血虚、阳虚型体质。
【食疗功效】具有滋补肺肾、养睛明目、补血的功效。
【选购指南】购买时，选择颗大，饱满，色鲜红者为佳。
【代表汤品】枸杞猪肝汤

当归

【性味归经】性温，味甘，无毒。
【适用体质】气虚型体质。
【食疗功效】具有补血、清血、润肠胃、通经、光泽皮肤的功效，还可促进血液循环，活血化淤。《神农本草经》上记载：当归能治咳嗽、流产不孕以及各种痈肿创伤，宜煮汁服用。
【选购指南】购买时要挑选主根粗长、油润、外皮颜色黄棕、断面颜色黄白、七味浓郁的。
【代表汤品】当归老鸭汤、当归乌鸡汤、归芪羊肉汤

黄芪

【性味归经】性微温，味甘，无毒。
【适用体质】气虚型体质。
【食疗功效】可益气固表，提神强体，健脾养胃。
【选购指南】选购时，以圆柱形，分枝少，上粗下细，表面灰黄或淡褐色，有纵皱纹或沟纹，皮孔横向延长，味微甜，嚼起来带有豆腥味的为佳。
【代表汤品】黄芪鲫鱼汤、黄芪山药老鸡汤

【性味归经】性微温，味苦。

【适用体质】血淤型体质。

【食疗功效】能活血化淤，扩张血管，排脓止痛，安神益气。

【选购指南】购买时，以条粗、色紫红、无芦头、无须根的为好。

【代表汤品】丹参猪肝汤

【性味归经】性寒，味苦、辛。

【适用体质】气滞型体质。

【食疗功效】具有健胃、理气、解郁、调经、止痛等功效。

【选购指南】购买时，挑选粒大、质坚实、气味香、棕褐色的为上品。

【代表汤品】南瓜香附汤

【性味归经】性平，味甘。

【适用体质】气虚型体质。

【食疗功效】可润肝燥，有强壮筋骨、去湿利水、滋补肝肾的作用。

【选购指南】购买时，选择外皮呈淡棕色或灰褐色，薄皮有斜方形横裂皮孔，厚皮有纵槽形皮孔，内表皮呈暗紫色，折断后有白色胶丝，且胶丝密而多，呈银灰色，富有弹性的为佳。

【代表汤品】杜仲猪腰汤

【性味归经】性微寒，味甘，无毒。

【适用体质】气虚型体质。

【食疗功效】能强化身体各部分功能，促进新陈代谢，增强抵抗力，消除疲劳，补五脏。体质虚弱、贫血、虚咳、气喘、手足冰冷等患者可常吃。

【选购指南】购买时，以身长、枝粗大、浆足、纹理细、根茎长、根茎较光滑无茎痕以及根须上偶尔有不明显的细小疣状突起、无霉变、无竹虫、无折损的为佳。

【代表汤品】人参鸡汤

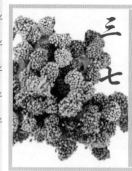

三七

【性味归经】性微温，味甘、微苦。

【适用体质】气虚血淤型体质。

【食疗功效】止血，活血化淤，增强免疫力。

【选购指南】三七有"春三七"和"冬三七"之分，"春三七"为三七中的佳品。购买时，应挑选个大、体重、色好、光滑、坚实而不空的。"冬三七"皱纹比较多，但质量比"春三七"差。

【代表汤品】三七鲫鱼汤

赤小豆

【性味归经】性平，味甘、酸。

【适用体质】湿盛型体质。

【食疗功效】可排除水气肿胀，有利尿、治脚气、润肠通便、降血压、降血脂、调节血糖的功效。

【选购指南】颗粒饱满完整，色泽红艳，手感润滑的为好。

【代表汤品】赤小豆瘦肉汤

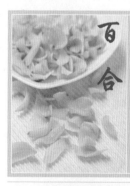

百合

【性味归经】性平，味甘、微苦。

【适用体质】阴虚型体质。

【食疗功效】可补中益气，安定心胆，益志，滋补五脏，利大小便。

【选购指南】购买干百合时，应以干燥、无杂质、肉厚且晶莹透明的为佳；购买鲜百合时，应以瓣大且匀，肉厚、色白或呈淡黄色的为佳。

【代表汤品】百合红枣银耳汤

山药

【性味归经】性平，味甘。

【适用体质】气虚型体质。

【食疗功效】具有补气、健胃、益肾、补益脾肺的作用。可清虚热、止渴、止泻、健脾胃。

【选购指南】选购时，以质坚实、粉性足、色白、干燥的为佳。

【代表汤品】枸杞山药鸡丝汤

【性味归经】 性温，味甘。

【适用体质】 气虚型体质。

【食疗功效】 能滋补肾脏，润燥滑肠，行气通便，养精血。

【选购指南】 购买时，选择扁圆柱形，稍微有些弯曲，表面呈棕褐色或灰棕色，体重、质坚、不易折断，断面棕褐色者为佳。

【代表汤品】 苁蓉羊肉汤

【性味归经】 性温，味苦、甘、涩。

【适用体质】 血虚型体质。

【食疗功效】 能滋补调养，对治疗腰痛、滋养肝脏、补养气血有显著功效，还具有增强肝脏疏泄体内毒素功能。

【选购指南】 购买时，挑选质坚体重、粉性十足的为佳。

【代表汤品】 首乌黑豆煲鸡脚

【性味归经】 性平，味甘。

【适用体质】 气血两虚型体质。

【食疗功效】 可强化机体活力，益气养血，预防贫血、体虚。

【选购指南】 选购时，以条大粗壮、横纹多、皮松肉紧、味清甜、嚼起来无渣的为上品。

【代表汤品】 党参牛肉汤

【性味归经】 性平，味甘、淡。

【适用体质】 脾虚湿盛体质。

【食疗功效】 能开心益志，安心神，利小便，调养身体机能，滋补脾脏，帮助消化，可去湿，消水肿，预防因肝机能受损引起的水肿。

【选购指南】 购买时，以休重结实、外皮棕褐色、无裂痕、断面白而细腻、嚼起来黏性较大的为佳。

【代表汤品】 茯苓鸡翅汤

汤中的主角——常用的养生保健食材

第十二节

SHI CAI ■ ■ ■ ■ ■ ■

认识12种汤饮常用的明星食材：

黑豆

【优势营养】富含蛋白质、脂肪、碳水化合物、维生素B_1、维生素B_2，胡萝卜素以及钙、铁、磷、钾等矿物质。黑豆中的蛋白质含量，比肉类、蛋类、奶类高很多。

【保健功效】中医认为，黑豆有补肾强身、除湿利水、延缓衰老的功效。

【适宜人群】适合任何人食用。

【代表汤品】黑豆菠菜汤

香菇

【优势营养】香菇中含有丰富的麦角甾醇，经日照后可转化成维生素D。香菇中维生素D的含量比大豆高20倍，比紫菜高8倍。

【保健功效】香菇能降低胆固醇，降血压，促进钙质吸收，防止骨质疏松，抑制肿瘤生长。

【适宜人群】一般人都能食用。

【代表汤品】香菇肘花汤

冬瓜

【优势营养】冬瓜全身都是宝，不管是肉、皮、子还是瓤，都可入药。冬瓜中含有多种维生素和人体所需的微量元素，可调节新陈代谢。

【保健功效】可清热消暑，养胃生津，降血糖，美容减肥。

【适宜人群】一般人均可食用。特别适合肥胖者、糖尿病患者、高血压患者、肝硬化患者。

【代表汤品】海米冬瓜汤

鸡肉

【优势营养】鸡肉中蛋白质的含量比较高，种类也多，容易被机体消化吸收。其中含有对人体生长发育有重要作用的磷脂类，是中国人膳食结构中脂肪和磷脂的重要来源之一。

【保健功效】中医认为，鸡肉能温中益气，健脾胃，活血脉，强筋骨。

【适宜人群】一般人均可食用，特别适合老人、身体虚弱者食用。

【代表汤品】柴鸡芋头豆腐汤

鸭肉

【优势营养】鸭肉中的蛋白质含量比畜肉含量高很多，脂肪含量适中且分布均匀，脂肪酸主要是不饱和脂肪酸，有利于人体消化吸收。

【保健功效】鸭肉中的B族维生素，是抗脚气病、神经炎、多种炎症的主要元素；其中的烟酸对心肌梗死等心脏病患者有保护作用。

【适宜人群】特别适合身体虚弱、食少、便秘、水肿者食用。

【代表汤品】玉米老鸭汤

苦瓜

【优势营养】苦瓜中含有大量的蛋白质、糖类、膳食纤维、维生素、烟酸、胡萝卜素以及钙、铁等营养成分，对健康大有裨益。现代医学研究表明，苦瓜中含有一种活性蛋白，可激发人体免疫系统的防御功能。

【保健功效】苦瓜有加快肠道蠕动，降血糖，提高人体免疫力的作用。

【适宜人群】一般人都可食用。

【代表汤品】鱼肚鲜虾苦瓜汤

白萝卜

【优势营养】白萝卜中含有钙、磷、钾、铁和维生素A、B族维生素，其中，维生素C的含量比较高。此外，白萝卜中还含有消化酶素淀粉。

【保健功效】防止胃酸过多破坏胃黏膜，促进肠道蠕动，常吃白萝卜还可以降血脂，软化血管，稳定血压。

【适宜人群】一般人都可食用。

【代表汤品】白萝卜煲猪脚

猪脚

【优势营养】猪脚中含有丰富的胶原蛋白，脂肪含量也比肥肉低，并且不含胆固醇。被誉为"美容食品"和"类似于熊掌的美味佳肴"。

【保健功效】中医认为，猪蹄有壮腰补膝和通乳的作用，可用于调理因肾虚导致的腰膝酸软和产妇产后缺乳等症。

【适宜人群】一般人都能食用。

【代表汤品】花生大枣猪脚汤

排骨

【优势营养】猪骨的蛋白质、铁、钠含量远远高于鲜猪肉，其蛋白质含量是猪肉的2倍，并且其中的营养成分容易被人体吸收。

【保健功效】能及时补充人体所必需的骨胶原等营养物质，可增强骨髓的造血功能，从而延缓衰老。

【适宜人群】一般人都能食用，特别适合儿童、中老年人食用。

【代表汤品】莲藕排骨汤

牛肉

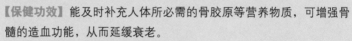

【优势营养】牛肉中含有丰富的蛋白质，但脂肪的含量却非常低，其中，钙、铁、磷等矿物质以及维生素B2、烟酸等含量也很高。

【保健功效】中医认为，牛肉有补中益气、滋养脾胃、强健筋骨、化痰息风的作用。

【适宜人群】一般人都能食用。

【代表汤品】枸杞牛肉汤

鲤鱼

【优势营养】鲤鱼属于淡水鱼的一种，含有丰富的蛋白质、脂肪以及钙、磷、铁等矿物质，其中，维生素A、维生素B1、维生素B2、维生素C的含量也非常高。

【保健功效】可滋补健胃，利水消肿，通乳，清热解毒，止咳下气。

【适宜人群】一般人都能食用。

【代表汤品】鲤鱼苦瓜汤

豆腐

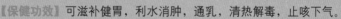

【优势营养】豆腐是用黄豆加工而成的，与黄豆相比，外形和口感都有明显的差异。从营养成分上讲，豆腐提高了营养素的消化利用率。

【保健功效】豆腐具有防癌、抗癌、保护心脑血管、美容护肤的功效。

【适宜人群】特别适宜老人、幼儿、病人以及胃功能低下者食用。

【代表汤品】白菜豆腐汤

第二章

汤的

中医全面养生

○ ○ ○ ○ ○

中医是中华民族的传家之宝，中医养生汤里面蕴藏着中华民族几千年的文化精髓。在中医典籍中，用汤治病、强身、养生的记载比比皆是，汤在中医学中占据着不可忽视的地位。汤究竟是如何发挥出其神奇功效的呢？

第一节 益气养血

YIQIYANGXUE

● 中医指南 ●

益气养血是养生保健的根本。中医认为，人是由气、血、津液等基本物质构成的，气在人体中不断运动，为人体提供活力和能量；血在人体中担任着运输养分的重要职务。气是促进血液生成的重要因素，气足，则生血功能强；气虚，则生血功能弱。血需要依靠气的推动才能向前运行，才能将养分传遍身体的每个部位。而且脏腑组织还可以生气血，如果气血不足，势必会影响脏腑组织的正常工作，从而诱发疾病。

由此看来，气血对人体健康有着决定性作用，只有将气血调理顺畅，才能达到养生保健的目的。

● 中医诊断 ●

血虚的主要表现症状包括：面色萎黄、唇舌色淡、健忘失眠、手脚麻木、贫血、便秘、女性月经量少等。一旦有这样的状况出现，必须给予高度重视。

气虚的主要表现症状包括：面色泛白、舌白嫩胖、说话声音微弱、精神不足、常出虚汗。

气血两虚的主要表现症状包括：心悸气短、神疲乏力、胸中隐痛、腹中胀满作痛、有积块、偏瘫、舌青紫、有淤斑、脉细缓而涩等。

● 治疗原则 ●

应以益气养血为主，辅以静心调养。

● 推荐药材 ●

人参、当归、大枣、枸杞子、黄芪、山药、桂圆、甘草、灵芝、芡实、阿胶等。

 相 关 链 接

益气养血小窍门

◆情绪乐观：心情愉快、性格开朗有利于身心健康。同时还能促进骨髓造血功能使得皮肤红润有光泽。

◆科学生活：加强现代化养生意识，提高生活质量，戒烟少酒、不偏食、不熬夜、不吃零食、月经期或产褥期等特殊生理阶段避免行房事。

◆根治出血病症：月经过多、月经失调以其他出血病患者，应及时到医院就诊，尽快根治。

◆积极参加体育锻炼：生育过的女性，积极参加一些体育锻炼是非常必要的，这对加强机体造血功能是很有好处的。

汤的中医全面养生

参玉竹猪腱汤

【材料】猪腱肉500克，玉竹30克，党参20克，黑枣4颗，罗汉笋100克，葱段适量

【调料】盐少许

【做法】1.猪腱肉洗净切块，放入沸水中汆烫去血水；罗汉笋洗净切段；玉竹、党参、黑枣均洗净备用。

2.将清水锅置于火上，待水烧沸后，放入所有材料，改小火慢煲，2小时后，用盐调味即可。

养生专题 党参性平，味甘；归脾、肺经。党参中含多糖、葡萄糖、果糖、菊糖、蔗糖、磷酸盐和17种氨基酸，其中包括赖氨酸、苏氨酸、蛋氨酸等人体不能自行合成的必需氨基酸。另外，党参中还含有钾、钠、镁、锌、铜、铁等14种元素，其中铁、铜、锌等微量元素对血液的形成有重要影响；锌对促进生长发育、提高性功能有很重要的作用；而钾、钠、钙、镁等元素对调节神经以及肌肉功能有很好效果。中医总结了党参的具体功效：补中益气，生津养血，健运中气。

豆桂圆大枣汤

【材料】乌豆50克，桂圆肉15克，大枣50克

【调料】冰糖适量

【做法】1.乌豆用清水浸软，洗净。

2.桂圆肉、大枣分别洗净。

3.把材料全部放入砂锅里，加清水适量，小火慢煲3小时后放入冰糖，搅拌均匀即可。

养生专题 新鲜的桂圆肉质鲜嫩、汁多甘甜，因此一直被人们当作水果食用。其实，桂圆还具有很强的药用价值，在食疗中占了很重要的位置。中医认为：桂圆营养丰富，具有补血的功效，常食桂圆，可令人面色红润、气血畅通。由此看来，桂圆不但是益气补血的理想食品，还具有一定的美容功效。本汤品以桂圆为主要材料，因此，有益气补血的作用，帮助气血亏虚的人们，改善当前状况。

红枣枸杞鸡煲

【材料】红枣10颗，枸杞子30克，净子鸡500克，生姜1块

【调料】料酒1大匙，盐适量

【做法】1.将红枣洗净；枸杞子用水浸软；生姜洗净，去皮，切丝。

2.把净子鸡与枣、枸杞子、姜丝一同放入锅中，加清水适量大火煮沸，倒入适量料酒，小火炖1小时，至鸡肉烂熟后，用盐调味即可。

养生专题

鸡肉对营养不良、血亏、虚弱者有很好的食疗功效。中医认为：鸡肉有温中益气、补虚填精的功效；而枸杞子在补气方面，也发挥了重要作用。由于枸杞子中含有14种氨基酸，并含有甜菜碱、玉蜀黍素、酸浆果红素等特殊营养成分，决定了枸杞子与众不同的保健功能。因此，常吃枸杞子，不但可以补气，还具有明目之功。

板栗花生汤

【材料】清水板栗1瓶，花生50克，火腿80克，西兰花50克，大白菜叶50克，胡萝卜2根

【调料】盐适量，牛奶2大匙

【做法】1.将火腿切成块；板栗控净水；花生洗净，煮熟，去皮。

2.西兰花放入盐水中洗净切小朵；大白菜洗净撕块，火腿切片。

3.胡萝卜洗净，去皮切段，放入打汁机内，加入适量清水搅打成汁。

4.汤锅中加清水适量，将胡萝卜、牛奶分别倒入锅中搅匀煮沸，放入其他原料煮沸，10分钟后，用盐调味即可。

养生专题

板栗对人体具有滋补作用，可与人参、黄芪、当归一较高下，常吃可达到活血养血的目的；花生有止血、生血的功效，二者结合起来煮汤具有养胃健脾、补肾强筋、调气养血的作用，适合气血两亏者饮用。

二 豆汤

【材料】内酯豆腐1盒，芸豆50克，毛豆150克，葱花适量

【调料】盐适量，鸡粉、蚝油各半小匙

【做法】1.豆腐切大块；芸豆洗净，放入清水中泡透，放入锅中煮熟；毛豆洗净剥皮备用。

2.油锅烧热，下入葱花炒香，下蚝油、毛豆略炒，倒入8杯高汤煮沸，下入芸豆煮至将熟，再放入豆腐滚沸，加盐、鸡粉调味，煮熟即可。

养生专题 芸豆具有益气补虚、补血活血、行气止痛、生津养血等功效。常食用可缓解脾虚气弱、淤血肿痛、月经不调、须发早白等症。毛豆味甘、性平，入脾、大肠经；具有润燥消水、益气的功效。

当 归生姜羊肉汤

【材料】羊肉200克，白萝卜1根，当归适量，生姜1块，枸杞子少许

【调料】盐适量，胡椒粉少许，料酒1小匙

【做法】1.羊肉砍成小块；当归洗净切片；生姜去皮切片；白萝卜去皮切块；枸杞子泡洗干净。

2.羊肉大火煮去血水，捞出洗净待用。

3.取炖盅一个，加入所有材料，注入清水适量、放料酒，加盖，大火隔水炖约两三小时，调入盐、胡椒粉即可。

养生专题 当归性味温、甘，无毒。其入药历史由来已久，《神农本草经》中就有记载，它的首要功效就是补血。《名医别录》中记载：当归还具有温中止痛、补五脏、生肌肉、治疗中风汗出、风湿痹痛的功效。《日华诸家本草》中记载：当归能补一切虚损，破淤血，生新血，用治一切风证、血症、胃肠虚冷。李时珍认为：当归可以补血活血，排脓止痛，滋润肌肤。羊肉可滋阴补虚，生姜能活血化淤，在加上当归的神奇功效，本汤将成为益气养血、补益虚损的最佳选择。

圆肉莲子蛤肉汤

【材料】蛤蜊肉15克，桂圆肉10克，莲子15克

【调料】盐适量

【做法】1.桂圆肉洗净；莲子去心洗净，清水浸泡1小时；蛤蜊肉洗净，备用。

2.把桂圆肉、莲子、蛤蜊肉全部放入锅内，加清水适量，大火煮沸后，改用小火慢煲，2小时后，再用盐调味即可。

养生专题

桂圆又名龙眼，其果肉含有丰富的蛋白质、葡萄糖、蔗糖、多种维生素和无机盐。桂圆干制品的营养价值也非常高，桂圆即可作为水果，又能入药，中医认为：桂圆具有益心健脾、滋补气血的作用。

菠菜猪血汤

【材料】猪血1块，菠菜250克，葱1根

【调料】盐、香油各适量

【做法】1.猪血洗净，切块；葱洗净，葱绿切段，葱白切丝。

2.菠菜洗净，氽烫后切段。

3.起锅热油，爆香葱段，倒入清水煮开，放入猪血、菠菜，煮至水滚，加盐调味，熄火后淋少许香油，撒上葱丝即可。

养生专题

菠菜、猪血都是补血的食物。《本草纲目》中认为，经常食用菠菜可以"通血脉，开胸膈，下气调中，止渴润燥"。中医认为：菠菜性味甘凉，具有养血、止血、敛阴、润燥的作用。因此，可达到益气养血的目的；猪血常被人们称作"液体肉"，这是因为，猪血中含有大量的铁元素，并以血红素铁的形式存在，容易被人体吸收，最适合缺铁性贫血的人食用。

[重点提示] 高胆固醇血症、肝病、高血压、冠心病患者应少食。因为，动物血内含有大量的胆固醇，以免加重病情，为自己及家人带来麻烦。

汤的中医全面养生

第二节 养心安神
YANGXINANSHEN

● 中医指南 ●

中医中对神的解释分为广义与狭义两种，广义的神是指人体生命活力的外在表现，中医中有这样的说法"得神者昌，失神者亡"，以及通常所说的"神气"、"神色"、"神志"都属于广义的神。

而狭义的神，则是指人的精神和思想活动，主要包括精神、意识和思维活动。侠义的神，在一定条件下能影响人体各个方面生理功能的协调平衡，精神振奋、神志清楚，思考才能敏捷，工作效率、生活质量才能提高。

如果长期处于精神疲惫、失眠多梦、心神不宁的状态，势必会诱发多种疾病，影响正常的工作、生活和学习。

● 中医诊断 ●

心神不宁的主要表现症状包括：心悸、失眠多梦、怔忡、精神疲惫。而其中的每种症状都可能诱发许多其他疾病。

● 治疗原则 ●

中医认为：心神不宁起因于气血不足。故当以补脾益气、养血安神为主。治疗由心神不宁引起的心悸，当补益气血、调整阴阳、养心安神；治失眠多梦，同样要以养心安神为主，以此类推也是同样的道理。

● 推荐药材 ●

莲子、酸枣仁、珍珠、天麻、冰片、菊花、人参、花旗参、黄芪、桂圆、石菖蒲、夜交藤等。

相关链接

茶叶的安神功效

◆茶叶是一种重要的保健品，在人们的意识中，茶叶具有提神的功效，不仅如此，茶叶还可以养心安神、促进睡眠，只要饮用得当，满足人们安神的意愿不是一件难事。

◆竹叶茶有清热去火、调理心烦难寐的功效，心境烦躁、心神不宁者，可取灯芯草5克，淡竹叶20克，切碎入纱布包，开水冲泡饮用。

推荐汤品 >>

莲子红枣木瓜羹

【材料】木瓜1个，水发银耳30克，红枣、莲子各适量

【调料】冰糖适量

【做法】1.木瓜洗净，去皮、子后切小块备用。

2.银耳用温水泡至完全回软后，洗净备用。

3.红枣温水泡发洗净；莲子泡发后，去除莲心，洗净备用。

4.锅内放水，加入木瓜、银耳、红枣、莲子、冰糖，先用大火烧开后改小火煲1~2小时即可。

养生专题

莲子的用途很多，一般家庭都用来制作汤品。古人认为，常食莲子可祛百病。虽说这种说法有些夸张，但莲子具有药用价值，却是一个不可否认的事实。莲子中的钙、磷和钾含量非常丰富，是构成骨骼和牙齿的主要成分，还有促进凝血、使某些酶活化、维持神经传导性、镇静神经等作用。中医研究发现：莲子具有益心补肾、固精安神的功效。本汤可养心安神，心神不宁者不妨常喝。

天麻煲猪脑

【材料】天麻、枸杞子各少许，鸡爪150克，猪脑1副，葱1根，生姜1块

【调料】高汤、盐各适量，料酒、胡椒粉各少许

【做法】1.鸡爪砍去尖；猪脑去血丝；枸杞子洗净；葱切段；生姜去皮切片。

2.锅内烧水，待水开时，分别投入鸡爪、猪脑，用中火余烫，去血水，捞出。

3.砂锅内下鸡爪、猪脑、天麻、生姜、葱，注入高汤、料酒、胡椒粉，加盖，用小火煲1小时后，加入枸杞子，调入盐继续煲30分钟即可。

养生专题

中医认为，天麻性微温，味甘、辛，具有定惊的作用。心神不宁、遭受惊吓者，可利用天麻养心安神。

[重点提示] 现代医学已经将天麻当作治疗神经衰弱和神经衰弱综合征的主要药材了，其有效率高达89.44%和86.87%。不但如此，天麻还能抑制由咖啡因造成的中枢神经兴奋。

枣汤

【材料】干红枣10个，葱100克

【调料】冰糖适量

【做法】1.干红枣用凉水泡发，去核；葱去皮，洗净，切长段。

2.锅置火上，加清水适量，放入处理好的红枣，煮20分钟后加入葱段、冰糖，再煮10分钟即可起锅食用。

养生专题　此汤不但口味甜美，营养价值也非常高。通常情况下，精神欠佳、心神不定者可长期服用。

参圆肉猪心汤

【材料】猪心1个，莲子60克，人参30克，桂圆15克，姜1块

【调料】料酒1小匙，盐适量

【做法】1.猪心去油洗净；莲子去心洗净；人参洗净；桂圆去壳洗净；生姜洗净去皮，切片，备用。

2.把猪心放入开水中氽烫，加入料酒，除腥味，捞出。

3.将所有材料一同放入砂锅中，加入适量的清水，大火煮沸后，改小火煲2小时，最后用盐调味即可。

养生专题　人参有强身作用，这是因为人参中含有多种维生素、矿物质及其他人体不能自行合成的营养元素。中医认为：人参可安神，止惊悸，使人精力旺盛。

[重点提示] 食用人参时，必须谨慎。人参属于大补元气之物，如果长时间服用，或大量食用，会造成气盛阴耗、阴虚火旺。煲汤过程中，如果以人参为材料，不要使用铁锅、铝锅熬煮，以免破坏人参的营养功效。

旗参瘦肉汤

【材料】猪瘦肉500克，花旗参25克，生姜1块

【调料】盐适量

【做法】1.花旗参用温水浸软，切片待用。

2.猪瘦肉洗净，切成大块放入沸水锅中氽烫去血水，捞出沥干，待用。

3.将花旗参、瘦肉、生姜同放砂锅内，大火煮沸后，再用小火慢煲2小时，最后，用盐调味即可食用。

养生专题 花旗参又叫西洋参，中医认为，花旗参性寒，归心、肺、肾经。具有养心安神的功效，适合久病伤阴、心神不宁、身体偏瘦的人食用。本汤由于采用花旗参做主材，所以，具备补益五脏、补心安神的功效。

芪泥鳅汤

【材料】泥鳅250克，黄芪、党参、山药各30克，红枣5颗，生姜3片

【调料】盐适量

【做法】1.将泥鳅用淡盐水泡1天。

2.把泡好的泥鳅用少许盐去黏液，再放入开水中氽烫，捞出洗净，备用。

3.油锅烧热，放入姜片，爆香后放入泥鳅，炸至金黄时，铲起备用。

4.将黄芪、党参、红枣、山药洗净，与泥鳅同（山药除外）放入沙煲里，加适量的清水，小火慢煲1.5小时，放入山药再煲30分钟，最后用盐调味即可。

养生专题 中医常将黄芪视为补气药材，不过，黄芪的药用价值并不仅限于此。由于黄芪中含有黄芪苷、谷甾醇、棕榈酸、胆碱、黄酮类等营养物质，具有镇静中枢神经系统的作用，是养心安神的主要药材之一。

[重点提示] 高热属实证者不要食用本汤。

玉 米排骨汤

【材料】排骨 500 克，玉米 3 根

【调料】盐、味精、香油各适量

【做法】1.玉米洗净切段备用。

2.排骨洗净后用热水氽烫去血水，捞起洗净沥干备用。

3.将所有材料及调料一起放入锅内，煮沸后改中火煮 5～8 分钟。

4.再放入焖烧锅中，焖约 2 小时即可。

养生专题

玉米对人体的健康颇为有利。玉米胚尖中所含有的营养物质，可调节人的神经中枢，发挥养心安神的功效。虽然玉米的营养价值很高，又具备多种药用价值，但是，却不能将玉米作为主食食用，因为，单一食用玉米容易患癞皮病，最好与其他食物配合食用，这样玉米的营养功效才能彻底地发挥出来。还有一点人们应给于高度重视，玉米既可以煲汤喝，又能加工成主食吃，总之，只要将玉米制作成熟食就具备保健功效，而生吃则不利于健康。

黄 花泥鳅汤

【材料】泥鳅 200 克，黄花菜 50 克，香菇 5 朵，胡萝卜少许，生姜 1 块

【调料】盐 2 小匙，料酒 1 小匙

【做法】1.泥鳅用淀粉抓干体表黏液，宰洗干净；黄花菜切去头尾；胡萝卜洗净切片；香菇用水泡发，洗净切片；生姜洗净，去皮，切片。

2.烧锅下油，放入姜片、泥鳅煎至金黄，烹入料酒，加入开水煮 10 分钟。

3.加入黄花菜、香菇片、胡萝卜片再滚片刻，调盐即成。

养生专题

黄花菜有个很好听的名字叫"忘忧草"，因为它能安神解郁，舒解脑部神经。黄花菜含有丰富的营养元素，如维生素A、膳食纤维、磷、钙、铁等，对人脑健康颇有益处。黄花菜还具有显著的降低血清胆固醇的作用，能预防中老年疾病和延缓机体衰老。黄花菜中所含的冬碱等成分，能止血消炎、利尿安神、健胃。

第三节 **清热解毒**
QINGREJIEDU

● 中医指南 ●

随着年龄的增长，人体的生理功能会逐渐衰退，抗病能力逐渐下降，容易感染病毒、细菌等病邪，致使人体内外平衡失调诱发热病。中医讲究治标先治本，要治疗热病，需用清热方药祛邪以扶正。

许多中医药材经过现代医学证实，最终都能达到清热的目的，例如：大青叶、板蓝根、金银花、连翘、野菊花、黄连等，是通过提高免疫力、抑制病菌繁殖来达到清热目的；有些药材的清热途径较特殊，通过解毒的方式达到清热的目的，如：黄柏、金荞麦、土茯苓、玄参等，均属此类。

中医学博大精深，单就中药此领域就足已令人惊叹，选择过程中，还需慎重。

● 中医诊断 ●

热证的主要症状包括：身热汗多、面热烦躁、口渴喜冷饮、神昏谵语、便秘、小便短赤、舌红苔黄等。

● 治疗原则 ●

中医学是以阴阳学说为指导的。治疗由阳邪过盛所致的实热证时，应以热者寒之的原则为基础，选择寒凉性药物清热。由于热证的治病原因不同，在治疗方法上也不尽相同，应本着对症下药的原则，治标先治本。不过，热证的总体治疗方法，还应以宣肺健脾、清热解毒为主要方向。

● 推荐药材 ●

菊花、枸杞子、金银花、银翘等。

相 关 链 接

不可不吃的3种解毒食品

◆海带：中医认为海带能软坚结散、清热利水、祛脂降压。现代医学认为，海带能减慢放射性元素锶被肠道吸收的速度，并将之排出体外。

◆茶叶：茶叶中含有茶多酚、多糖和维生素，能快速排除人体内的有毒物质。经常与电脑打交道的人不妨常饮。

◆樱桃：被公认为解毒能手，能有效祛除人体毒素及不洁体液，对肾脏排毒有一定的辅助作用。

推荐汤品 >>

无花果炖猪脚

【材料】猪脚500克,无花果100克,姜片、葱段各适量

【调料】盐、味精、料酒、胡椒粒各适量

【做法】1.将猪脚洗净斩成块;无花果洗净放水中浸透。

2.锅内加水煮沸,放入料酒、猪脚稍煮片刻,捞起沥水。

3.把无花果、猪脚、姜片、葱段、胡椒粒放入炖盅内。加入清水用中火炖3小时,调入盐、味精即可。

养生专题

无花果性味甘、平,除含有人体必需的多种氨基酸、维生素、矿物质外,还含有柠檬酸、苹果酸、延胡索酸、琥珀酸、奎宁酸、脂肪酶、蛋白酶、水解酶等多种营养成分。医书中记载,无花果具有健胃清热,消肿解毒的功效,可利咽消肿,防癌抗癌、提高人体免疫力,延缓植物性腺癌、淋巴肉瘤的发展、促进其退化。无花果中所含的脂肪酶、水解酶等成分,有降血脂和分解血脂的作用,能减少脂肪在血管中的沉积,促进血液循环,由此起到降血压、预防冠心病的作用。

鲫鱼黑豆汤

【材料】鲫鱼1条,黑豆100克,大枣6颗,生姜数片

【调料】盐适量

【做法】1.把鲫鱼宰好洗净后,放入烧热的油锅中,炸至微黄,加入一碗清水略煮片刻。

2.黑豆洗净;大枣去核,洗净,备用。

3.将鱼与汤汁一同放入瓦罐内,投入处理好的黑豆、大枣与姜片,向瓦罐内注入6碗清水,小火煲至黑豆烂熟后,捞去鱼骨,用盐调味即可。

养生专题

鲫鱼肉性平,味甘,有温中下气健脾、益气、利水、通乳、清热毒的功效,适合夏天食用。东方朔在《神异经》中说,南方湖中多鲫鱼,数尺长,吃它适宜暑天,而且能避风寒。《水经注》中记载,鲫鱼能防暑祛寒。这些都说明,鲫鱼的确具有清热的功效。

生 地水蟹汤

【材料】水蟹3只，生地黄15克，蜜枣2颗

【调料】盐适量

【做法】1.生地黄洗净；水蟹剖开后用清水洗净。

2.把处理好的生地黄与水蟹一同放入锅内，加适量的清水，大火煮沸后，改用小火煲，2小时后，用盐调味即可。

养生专题

中医认为：生地性味甘、苦、寒、入心、肝、肾经，具有清热生津、滋阴凉血的作用。蟹肉也具有清热、散血、滋阴的作用。将二者结合煲汤，其清热解毒的功效，可被彻底发挥出来。

杞 菊排骨汤

【材料】排骨200克，枸杞子25克，杭白菊10克，葱段、姜片各适量

【调料】盐适量，味精少许

【做法】1.排骨用清水洗净，切成大小均匀的块，放入沸水中汆烫，去血水；枸杞子、菊花用温水洗净。

2.锅置火上，倒清水适量，把处理好的排骨、葱段、姜片，放入锅中，大火煮沸后，改小火慢煮，30分钟后，放入枸杞子、杭白菊，继续炖煮，10分钟后用盐、味精调味即可。

养生专题

菊花性微寒，味甘苦，是入茶煲汤的好材料。菊花的药用价值很高，主要成分为挥发油，油中主要包括菊酮、龙脑、龙脑乙酸酯，并有汗腺嘌呤、胆碱、水苏碱、刺槐苷、木樨草苷、大波斯菊苷、葡萄糖苷、菊苷等元素。在多种元素的作用下，菊花产生了清热散风、平肝明目等功效。再加上性味比较温和、营养丰富的枸杞子，此汤更具补益功效。

蟹肉冬瓜汤

【材料】螃蟹2只，西兰花50克，鲜贝肉50克，猪瘦肉200克，冬瓜300克

【调料】盐适量，鸡粉半小匙，奶油高汤8杯

【做法】1.螃蟹去壳，洗净后蟹腿斩断，对切两半；西兰花洗净切小朵；鲜贝肉洗净；冬瓜去皮切块。

2.猪瘦肉洗净切块，放入沸水中氽烫，去血水后，捞出。

3.汤锅中注入奶油高汤，烧沸后下入处理好的材料，再将盐、鸡粉放入锅内，煮至冬瓜透明为止。

养生专题

我国吃螃蟹的历史可追溯到周天子时期，由于螃蟹中含有丰富的蛋白质、微量元素等营养成分，因此被公认为食中珍味。现代科学研究表明，吃螃蟹对结核病人的康复大有裨益。中医认为：螃蟹有清热解毒、养筋活血、通经络、利肢节、滋补肝脏、补充胃液的作用，因此，人们可将螃蟹作为补益身体的食物。蟹壳咸凉，有清热解毒、破淤消积、止痛的效果。

[重点提示]患有伤风、发热、胃病、腹泻、胆结石的人忌吃蟹；高血压、动脉硬化、高血脂患者，不吃或少吃蟹黄；过敏性体质者，不宜吃蟹。

猪肝菠菜汤

【材料】猪肝300克，菠菜100克，姜4片，葱2根

【调料】盐半小匙，料酒半小匙，香油少许，酱油1大匙，淀粉1小匙

【做法】1.猪肝切大薄片，用料酒、酱油、淀粉拌匀。

2.菠菜洗净，氽烫后切约4厘米小段；葱切斜段。

3.锅中热油1大匙，放入葱段、姜片爆香后，加入猪肝拌炒，再倒入5杯滚水，并加入菠菜，以大火煮滚，加盐调味，起锅前淋上料酒及香油即可。

养生专题

猪肝与鸡肝、鸭肝、羊肝一样，是餐桌上常见的食材。由于肝脏是动物体内储存养料和解毒的重要器官，其中含有丰富的营养物质，具有良好的保健功效。经常食用动物肝脏，能补充人体所需要的维生素B_2，这对补充机体必需的辅酶，完成机体的解毒工作有着重要意义。菠菜利于清理人体肠胃热毒，可防治便秘，使人容光焕发，被推崇为"十大养颜美肤食物"之一。将菠菜与猪肝结合起来煲汤，既可保健强身，又能达到美容效果。

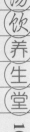

鸡 蛋芥菜汤

【材料】鸡蛋2个，芥菜400克

【调料】盐适量，味精少许

【做法】1.芥菜择洗干净后，放入砂锅内，加入清水适量，大火煮沸。

2.鸡蛋打入砂锅，用盐、味精调味，片刻即可。

养生专题 此汤营养丰富，有清热解毒、止血降压的功效。芥菜药用价值很高，尤其适合高血压患者食用，还可以预防中风，对老年人尤其有益。

赤 小豆燕麦南瓜汤

【材料】赤小豆、燕麦各50克，南瓜150克

【调料】冰糖少许

【做法】1.燕麦、赤小豆分别洗净，浸泡4小时；南瓜洗净切小块。

2.燕麦与赤小豆同入锅中，加水适量，煮至豆烂后下南瓜、冰糖，煮熟后即可。

养生专题 本汤品之所以具有解毒的功效，主要应归功于赤小豆，它具有解毒抗癌的作用，体内毒素较多者可经常食用；而南瓜、燕麦对人体也具有非常好的补益功效，三者搭配烹制，是一款不可多得的养生汤品。

金 蒜苋菜汤

【材料】大蒜8瓣，苋菜500克，枸杞子少许

【调料】盐适量

【做法】1.苋菜洗净，切段；大蒜洗净，去皮备用。

2.锅中倒少许油烧热，放入蒜粒，以小火煎黄。

3.在煎蒜的锅中加入清水，煮滚后加入苋菜。

4.待汤再次煮滚，撒上枸杞子，加盐调味即可。

养生专题 苋菜味甘、性凉，它原本是一种野菜，近年来以各种形式被端上了餐桌。有些地区的人们，将苋菜称为"长寿菜"，这是因为，苋菜中含有丰富的铁、钙和维生素K，常吃可以解毒通便，预防溃疡，补血；而大蒜具有润肠通便的功效，二者结合煲汤，可迅速排出体内毒素。

[重点提示] 脾胃虚弱者最好不要吃；苋菜不宜与甲鱼、龟肉同食。

第四节 生津润燥

SHENGJINRUNZAO

中医指南

津液代谢是指津液的生成、输送和排泄过程。正常的津液代谢，是维持人体正常生理功能的重要条件。

津液代谢还与相关脏腑的生理功能密切相关。津液不足，燥证内成，燥身伤肺，百脏干涸，诸腑气机难畅，血脉难行，百病莫不由此变生。造成津液不足的原因主要有外感热病、热盛伤筋、火灼伤津液、阴虚内热等；热病大汗、严重呕吐、腹泻、大面积灼烧等，也可丧失大量津液。在这种情况下，津液的输送和排泄都会产生故障，影响相关脏腑的正常工作，诱发许多疾病。

中医诊断

不同部位的津液缺乏，会出现不同的表现症状，胃津液不足，表现为口渴舌红、口干舌燥；胸津液不足，则表现为大便干燥、便秘、乏力、便则汗出、面色无华、头晕等。

其实，津液遍部全身各处，任何部位缺乏都可能造成严重后果，应及时调理。

治疗原则

津液，是机体一切正常水液的总称，包括各脏腑组织器官的内在体液及其正常的分泌物，如胃液、肠液、涕、泪等，同样也是构成人体和维持人体生命活动的基本物质。在治疗因津液不足引发的病症时，应以生津润燥、益气敛阴、健脾和胃为主要方向，配以合理的饮食，长期调理，即可达到预期目的。

推荐药材

白果、杏仁、花旗参、枸杞子、人参等。

相关链接

饮料的解渴论

喝饮料能否缓解口干舌燥的症状已经产生了异议。如今市场上售出的饮料中，大部分含有大量的糖分，这种饮料不但不能解渴反而越喝越渴，而且会让你的口中充满甜腻感。造成渗透压过高。

消费者如果希望通过喝饮料的方式解决口渴问题，最好选择含糖量低的饮料，如蔬果汁、运动饮料、矿泉水等。

推荐汤品 >>

白 果栗子肉丝汤

【材料】 豆腐 2块，白果30克，栗子肉 225克，冬菇（浸软）6朵，瘦肉 150克，姜片适量

【调料】 盐适量

【做法】 1.白果去壳，放入滚水浸片刻，取出，去衣；栗子肉放入滚水内浸片刻，取出去衣。

2.瘦肉洗干净，切丝，氽烫后再冲洗干净。

3.豆腐切块；冬菇对剖两半备用。

4.煮滚大量水，下豆腐、白果、栗子肉、冬菇、瘦肉、姜片，再次煲滚后改小火煲2小时，下盐调味即可。

养生专题

此汤生津润燥，营养丰富，热量低，该汤之所以能发挥出生津润燥的作用，功劳应归功于白果。白果既可食用，又能入药，是滋补身体的佳品。白果中富含蛋白质、脂肪、糖分，还含有少量的钙、铁、磷、钾等成分。以白果为药材煲汤，能生津润燥，特别适合夏秋季节食用。

花 旗参煲银耳

【材料】 花旗参片适量，银耳2朵，猪腿肉500克，红枣2颗，枸杞子适量

【调料】 盐适量

【做法】 1.猪腿肉洗净，放入滚水中氽烫去血水，取出，用清水洗净，切块状备用。

2.银耳用清水浸透、泡发，洗净备用；花旗参片、红枣洗净备用。

3.汤锅内倒入清水适量，大火煮滚，放入所有材料（枸杞子除外），改用中火继续煲2小时左右，加入枸杞子煮开，再用盐调味即可。

养生专题

花旗参性温和，属于四季可食的炖汤药材，具有很强的滋补功效；银耳被人们誉为"菌中之冠"，既是滋补身体的佳品，又是扶正强壮的补药，其特点是，滋润而不腻，具有滋阴润燥，清热生津的功效，对阴虚火旺，不能接受人参、鹿茸滋补的人来说，银耳可发挥其独有的滋补功效。将花旗参与银耳搭配煲汤，能够固本强身，能有效缓解因睡眠不足等引起的虚火上升。同时，该汤具有滋补润肺的作用，对喉咙干涩等症状，也有良好的治疗功效。

桔 梗牛肚汤

【材料】金钱肚200克，桔梗100克，胡萝卜80克，蕨菜、黄豆芽各30克，葱末、姜末、蒜末各少许

【调料】胡椒粉、酱油各适量

【做法】1.将金钱肚洗净切条，放到沸水中氽烫，捞出冲凉备用；桔梗洗净后放入清水盆中泡软，撕成条；胡萝卜去皮切块；蕨菜去老根洗净切段。

2.油锅烧热，加入葱末、姜末、料酒、酱油、桔梗、金钱肚，翻炒上色后，放入蕨菜、黄豆芽、胡萝卜和8杯清水，煲煮10分钟后下入胡椒粉调匀入味即可食用。

养生专题 中医认为：桔梗性平，味苦。具有宣肺、利咽、祛痰、排脓的功效。对咳嗽痰多、胸闷不畅、咽干喉痛、支气管炎、肺脓疡、胸膜炎有很好的调养功效。此汤可补中益气、润燥止消渴。

香 芹藕片鱿鱼汤

【材料】鱿鱼200克，莲藕100克，香芹150克，姜片少许

【调料】盐、胡椒粉各适量，料酒1大匙，味精少许

【做法】1.鱿鱼洗净，切段，将切好的鱿鱼段放入热水氽烫，捞出备用。

2.将莲藕去皮，切薄片；香芹洗净，切段。

3.将油锅烧热，下入姜片、鱿鱼翻炒片刻后调入料酒，倒入适量的清水，煮沸后放入香芹、藕片、盐、味精、胡椒粉，5分钟后即可。

养生专题 莲藕既可生吃又能做菜，同时还具有药用价值。早在咸丰年间，就把莲藕钦定为御膳贡品了。中医认为：莲藕性味甘凉，能消暑清热，生津润燥，止血健胃；熟莲藕性味由凉变温，能强壮身体、开胃健脾；用莲藕煮汤喝，能润肺止渴、清除余热。将莲藕与鱿鱼一同煲汤，不但口味鲜美，还具备了保健功效。

鸽肉萝卜汤

【材料】乳鸽1只,白萝卜100克,胡萝卜半根,葱丝、姜片、陈皮各少许

【调料】盐1小匙,料酒1大匙

【做法】1.将乳鸽去头、爪、内脏洗净斩块,放入沸水中汆烫,捞出备用。

2.白萝卜、胡萝卜分别洗净切方块。

3.向锅中注入清水适量,待水烧滚后下入鸽肉,大火烧开,再将姜片、料酒、白萝卜、胡萝卜、陈皮一同放入锅内,中火煲40分钟后,用盐调味,撒入葱丝即可。

养生专题

鸽子肉口感滑腻,营养丰富,具有很强的滋补功效;白萝卜性凉味辛甘,可清热除燥、下气宽中;胡萝卜富含大量人体必需的营养素,三者结合,使本汤具有益气补虚、滋阴养血、清热润燥的作用。

花旗参莲子木瓜汤

【材料】鲜莲子100克,猪腿肉200克,花旗参10克,青木瓜1个

【调料】盐适量

【做法】1.青木瓜去皮,洗净后切成块;猪腿肉、鲜莲子、花旗参分别用清水冲洗干净。

2.将青木瓜、猪肉、莲子、花旗参一同放入锅内,加入适量清水,大火煮沸后,改用中小火慢煲,3小时后调入盐。

3.食用时,可一边喝汤,一边将猪腿肉取出切成片,蘸蚝油吃。

养生专题

花旗参味甘、微苦,性微寒。富含多种人参皂苷,另外,花旗参中还含有天冬氨酸等18种氨基酸。它与人参的功效相差不多,具有生津止渴的作用。可治疗咽干舌燥,虚热烦倦等症。将花旗参与木瓜、莲子一同食用,不但能生津润燥,还能增强体质、愉悦精神。

[重点提示]胃寒疼痛、舌苔发白者禁止食用花旗参;花旗参不能与萝卜、茶叶一同食用;花旗参不要用铁锅煮制。

甘蔗红花汤

【材料】甘蔗1根，红花少许

【调料】料酒适量

【做法】1.将甘蔗洗净切段，与红花一起放入锅内，加水小火熬汤。

2.汤滚后将料酒调入汤内再稍煮一会儿即可。

养生专题 甘蔗入药的历史记载，最早出现在《名医别录》中，以后，历代诸家本草都有著录。甘蔗中含有多种营养成分，其中包括：碳水化合物、蛋白质、脂肪、钙、磷、铁等；甘蔗汁液中含有天冬氨酸、丙氨酸、丝氨酸等多种氨基酸及苹果酸、柠檬酸；甘蔗渣中含有抑制肿瘤的多糖类物质；甘蔗茎节中含有大量的维生素B_6；茎端含有维生素B_1、维生素B_2。中医认为：甘蔗具有解热止渴、和中宽膈、生津润燥、利尿、健胃的功效。

[重点提示]千万别吃发了霉的甘蔗，否则将影响健康，甚至危及生命。

南北杏苹果炖猪肉

【材料】南北杏各适量，苹果2个，猪瘦肉250克，鲜鸡爪150克，枸杞子、葱、姜各少许

【调料】盐适量，鸡粉少许

【做法】1.苹果切开去子；猪瘦肉切块；姜去皮，葱切段。

2.瘦肉、鸡爪中火汆烫，血水，捞出洗净。

3.将鸡爪、猪瘦肉放入炖盅内，再放入苹果、南北杏、姜、葱、枸杞子，注入清水适量，炖两三小时，用盐、鸡粉调味即可。

养生专题 杏仁具有润肺、散寒、驱风、止泻、润燥的功能。与苹果和猪肉一起煲汤能够滋润养肺、生津止渴，且对于脾胃气虚、食欲不振、四肢乏力等症都有很好的疗效。

第五节 化痰止咳
HUATANZHIKE

中医指南

痰可分为有形痰和无形痰两类，摸得到、看得见、听得到的痰属于有形痰；反之则属于无形痰。无论是有形痰还是无形痰，对身体都没有好处，轻则引起咳嗽、头晕目眩、心悸短促、恶心呕吐等病症，重则阻碍经络气血运行，造成身体麻木、手脚欲伸不利，严重时可引发半身不遂、颈部淋巴结核或腱鞘囊肿等病症，给健康带来很大麻烦。

由痰引发的并发症很多，因此有了这样的说法："怪病多痰、百病多由痰作祟"。痰可出现在身体的各个部位，与五脏均有关系。因此，我们要对"痰"给与高度重视，切莫因为这小小的"痰"给健康造成重大损伤。

中医诊断

体内有痰的表现症状包括：痰在体内聚积所表现出来的症状，大多数表现在呼吸系统上，"百病多由痰作祟"说明痰可诱发多种疾病，而体内有痰所表现出的症状则多种多样。

治疗原则

应以化痰为主要原则，一部分咳嗽症状是由痰引起的，无论选择饮食治疗，还是选择药物治疗，都应偏向具有化痰功效的食材或药材。

推荐药材

沙参、百合、白果、桔梗、胖大海、杏仁、百部、枇杷叶等。

热水袋的神奇功效

热水袋这一生活中不起眼的物品却具有多种保健功效，止咳便是其众多功能中的一种。将热水袋中填满热水，外用薄毛巾包好敷于背部，可使上呼吸道、气管、肺等部位的血管扩张、血液循环加速，从而达到止咳的目的，对伤风感冒早期出现的咳嗽尤其见效。用此方法治疗咳嗽还避免了打针、吃药之苦，咳嗽患者们不妨一试。

推荐汤品 >>

 参核桃牛尾汤

【材料】沙参 100 克，核桃仁 50 克，牛尾 500 克
【调料】料酒、盐、鸡粉、清汤各适量
【做法】1.将沙参洗净，用温水泡软，切段；核桃仁
温水泡软去外皮；牛尾洗净，切小段氽烫后待用。
2.把沙参、核桃仁、处理好的牛尾段、料酒一同放
入锅内，加入适量的清汤，大火烧开后转小火慢煲，
2 小时后加入盐和鸡粉调味即可。

养生专题
沙参味甘、微苦，性凉，其主要
的化学成分有：挥发油、三萜
酸、豆甾醇、生物碱、淀粉等，
在有效成分的作用下，沙参的
主要功效包括：养阴清肺、祛痰止咳，
对秋天肺热燥咳，阴伤咽干有特殊疗
效。《本草正义》中记载："微甘微苦，
气味轻清，而富脂液，故专主上焦，清
肺胃之热，养肺胃之阴。"
[重点提示] 寒痰咳嗽或寒咳嗽、咳有
白色清痰者禁饮本汤。

 鱼川贝汤

【材料】鲫鱼 200 克，川贝 6 克，姜丝适量
【调料】胡椒、盐、陈皮各适量
【做法】1.鲫鱼去鳞，除内脏，洗净备用。
2.将川贝、胡椒、姜丝、陈皮放入鱼腹中，
封口。
3.把鱼放入锅内，加清水适量，用盐调味，
中火煮熟后，将鱼腹中的材料取出，即可食
肉喝汤了。

养生专题
川贝的学名为川贝
母，由于产地不
同，形状也不尽相同。川贝
母中富含贝母碱、去氢贝母碱对降压有很
好的作用。贝母性味微寒、甘、苦，
对清热化痰有很好疗效。由于川贝
母有滋阴润肺的功能，因此，可用于治疗肺热
咳嗽、干咳少痰、咳痰带血等症，与麦东
门、沙参配合使用，效果更佳。

腐竹白果甘蔗汤

【材料】腐竹100克，白果12粒，黑皮甘蔗750克，生姜4片

【调料】香菜适量

【做法】1.白果去壳；黑皮甘蔗去皮切段；生姜切片。

2.腐竹皮泡发，切段；香菜洗净，切段，备用。

3.把白果、甘蔗、姜片一同放入瓦煲内，加入清水适量，小火慢煲2小时，直至白果熟透，再下腐竹及香菜，略煲片刻即可。

养生专题 中医认为，白果的主要功能是止咳平喘，适用于喘咳气逆、痰多之症，不论偏寒、偏热均可食用；而甘蔗又具有解热止渴、和中宽膈、生津润燥、利尿、健胃的功效。二者相互结合，使此汤具备了滋阴润肺、止咳化痰、清热解毒的作用。

枇杷叶蜜枣汤

【材料】枇杷叶、杏仁、桔梗各15克，蜜枣10颗

【调料】冰糖少许

【做法】1.枇杷叶、蜜枣、杏仁、桔梗分别用清水洗净，备用。

2.把枇杷叶放入干净、透气的布包内，与蜜枣、杏仁、桔梗一同放入锅中，加入3碗清水，大火煮开后，改小火慢煲。

3.锅内水剩一半时，放入冰糖，待糖溶化后起锅食用。

养生专题 枇杷叶性平，味苦，其主要功效为化痰止咳，和胃降气。对支气管炎、肺热咳嗽、胃热呕吐有很好的疗效。苦杏仁苷是枇杷叶中的一种重要成分，该种物质能分解出氢氰酸，因此，具备了止咳、镇痛的功效。枇杷叶水煎液有抑菌、平喘和祛痰的作用。将枇杷叶与蜜枣搭配煲汤，既能祛除枇杷叶的苦味，又能起到化痰止咳的作用。

[重点提示] 胃寒呕吐及肺感风寒咳嗽者禁止服用。

雪 梨百合汤

【材料】百合30克，雪梨2个，大个响螺1只，陈皮少许

【调料】盐少许

【做法】1.响螺去肠及污秽物质，清洗干净；雪梨去蒂、心、洗净，切块；百合、陈皮洗净备用。

2.向瓦罐内注入适量清水，大火煮沸后加入材料，中火继续煲至熟，加少许盐调味即可。

养生专题

中医认为：梨的性味甘寒，能润燥化痰，润肠通便，古代医学家将梨作为治疗一些疾病的良药。秋季人们容易出现咽干鼻燥、唇干口渴、皮肤干涩等现象，梨在缓解这些症状上，起到了很大作用。不仅如此，梨还具有促进胃酸分泌、降血压、退热、解疮毒、解酒毒及安抚镇静的作用。高血压患者可多吃。由于梨具有滋阴润燥、化痰止咳的作用，因此，它可以滋润、保护嗓子。

鲜 虾密瓜汤

【材料】虾仁100克，哈密瓜1个，胡萝卜50克，青豆少许

【调料】素高汤、盐各适量

【做法】1.选圆形哈密瓜1个，由1/6处切取一块做为瓜盅之盖并挖空果肉，果肉切丁备用。

2.锅内放入素高汤烧沸，加虾仁、青豆、胡萝卜丁、密瓜丁用大火煮熟后捞出备用。

3.将煮好的各种丁装入密瓜盅里加盐调味，置蒸锅以大火蒸8分钟即可。

养生专题

哈密瓜有"瓜中之王"的美称，不但风味独特、营养价值高，还具有药用价值。成熟的哈密瓜糖分很高，含丰富的维生素、膳食纤维、果胶、苹果酸及钙、磷、铁等矿物质，适合老人及儿童食用。中医认为：哈密瓜性味偏寒，具有清肺热、止咳的功效，适合咳嗽痰喘者食用。将哈密瓜与鲜虾搭配煲汤，可将所有营养成分全部纳入锅中，真可谓相得益彰。

[重点提示] 哈密瓜冷藏的时间不宜超过2天，否则就会破坏其营养成分。

白萝卜汤

【材料】白萝卜500克

【调料】盐、白糖各适量，味精少许

【做法】1.将白萝卜去皮，洗净，切小块，备用。

2.把白萝卜放入锅中，加入适量的清水，煮沸后放入盐、白糖，改成小火继续煲，直到萝卜熟烂为止，再用味精调味。

养生专题

萝卜既可当菜吃，又有很高的医用价值。自古以来就有"冬吃萝卜夏吃姜，一年四季保安康"的说法，可见，萝卜确实是一种不可多得的保健材料。中医认为：萝卜性凉味辛甘，有消积滞、化痰清热、下气宽中、解毒的作用。萝卜所含热量较低，膳食纤维较多，因此，能促进肠道蠕动，有助于体内废物的排出。常吃萝卜，还可以降血脂、软化血管稳定血压、预防冠心病及动脉硬化。

[重点提示] 萝卜属于寒性蔬菜，阴盛偏寒体质者、脾胃虚寒者应少食；慢性胃炎及十二指肠溃疡、单纯甲状腺肿、先兆流产、子宫脱垂者禁止食用。

板栗白菜冬菇汤

【材料】板栗100克，白菜250克，火腿适量，生姜1块，冬菇4朵，红椒丝少许

【调料】鸡汤、盐各适量，白糖、香油各少许

【做法】1.大白菜、火腿、生姜、冬菇洗净后切片；板栗洗净后蒸熟，去壳取肉。

2.油锅烧热，放入姜片炒香，注入鸡汤，加入板栗，用中火煮至八成熟。

3.再加白菜、冬菇、火腿，调入盐、白糖用大火煮熟，淋上香油，撒上红椒丝即可。

养生专题

白菜有较高的营养价值，在我国北方的冬季，白菜是餐桌上的"常客"，曾被苏东坡赞叹为"白菘类羔豚"，有化痰止咳、退烧解毒的功效。

第六节 通经活络
TONGJINGHUOLUO

中医指南

中医认为：十二经脉是人体经络系统的核心，是气血运行的主要通道。经络的功能正常与否直接关系着气血的运行。气血运行畅通无阻，各脏腑器官的功能强健，抵御外邪的能力较强；倘若经络功能减退，经气运行不利，抵抗外邪的能力自然下降，外邪会趁虚而入诱发疾病。

通常情况下，经络具有运行气血、感应传导的作用，一旦产生病变，经络会成为传送病邪的通道，使一个脏腑器官的疾病传递到另外一个脏腑，严重影响了其他脏腑器官的正常工作。另外，经络也是脏腑与体表组织之间病变相互影响的途径。

中医诊断

经络不畅诱发的病症包括：关节、肢体等处出现酸、痛、麻、重及屈伸不利等，如女性月经不调、通经、闭经等。

治疗原则

以通经活络为主，佐以行气的食材或药材，打通体内淤阻部位，确保血液畅通运行，保证身体的各项机能正常运行，及时为脏腑器官输送养分，阻止外邪进入机体，从而有效去除疾病。

推荐药材

天麻、百合等。

相 关 链 接

通经活络的美容佳品——黄酒

黄酒营养丰富，含有多种氨基酸、蛋白质、糖类、维生素等。温饮黄酒，可促进血液循环及新陈代谢，具有补血养颜、活血祛寒、通经活络的作用，能有效抵御寒冷刺激，预防感冒。

推荐汤品 >>

米 汤煮菜心

【材料】油菜心300克，米汤1大碗

【调料】泡菜水1小碗，味精1小匙，辣椒粉1大匙

【做法】1.油菜心洗净，对剖成两半；泡菜水、味精、辣椒粉放入碗内调匀成味汁备用。

2.锅内放入米汤煮沸，放入菜心煮熟，连米汤一起舀入大碗中。

3.食用时，用菜心蘸味汁即可。

养生专题

油菜是一种家庭常见蔬菜，其中的营养成分含量及其食疗价值可称得上是诸蔬菜中的佼佼者，常吃可促进血液循环、散血消肿、通经活络。

丝 瓜面筋汤

【材料】丝瓜2根，油面筋5个，粉丝50克，葱花适量

【调料】盐、味精、胡椒粉、香油、清汤各适量

【做法】1.丝瓜去皮洗净，切成滚刀块；油面筋逐一切四瓣；粉丝剪短备用。

2.将油锅烧至六成热，放入葱花煸香，放入丝瓜，翻炒片刻后倒清汤，待水煮沸后再放入油面筋与粉丝，中火煮5分钟后，用盐、味精、胡椒粉、香油调味即可。

养生专题

丝瓜又叫做吊瓜，明代时引入我国，成为人们经常食用的蔬菜之一。丝瓜全身都是宝，不但可以煲汤、做菜，还可以入药。丝瓜中所含的营养成分，比其他瓜类食物高。丝瓜中的皂苷类物质、丝瓜苦味质、黏液质、木胶、瓜氨酸、木聚糖和干扰素等特殊物质具有一定的保健功效。在此情况下，中医得出了这样的结论：丝瓜性味甘平，有清暑凉血、通经络、行血脉的作用。

[重点提示] 丝瓜性凉，平素脾胃虚寒，大便溏薄者不宜食用。

天 麻鲤鱼汤

【材料】冬瓜200克，鲤鱼500克，胡萝卜1根，天麻10克，葱花少许

【调料】盐1小匙，胡椒粉少许，高汤适量

【做法】1.鲤鱼宰杀处理干净后，去头、剔骨，鱼肉切成条，备用。

2.将切好的鱼肉条编成麻花辫状，分别摆放在盘中，蒸熟备用。

3.冬瓜去皮、瓤，切块；胡萝卜洗净切成块；天麻洗净。

4.将高汤倒入锅内，大火煮沸后，放入天麻、冬瓜、盐，小火煮至熟烂后，放入蒸好的鱼辫、胡椒粉、胡萝卜、葱花，继续煲煮片刻即可出锅食用。

养生专题

《日华子本草》中记载，天麻具有通血脉的功效；鲤鱼营养丰富，滋补功效显著，天麻与鲤鱼搭配煲汤，使该汤品具备息风定惊、通脉络、健脾利湿的功效。头风头痛、肢体麻木、半身不遂、筋骨疼痛者均可饮用。

花 生猪脚汤

【材料】猪脚300克，胡萝卜1根，花生米50克，枸杞子20克，葱1根，生姜1块

【调料】高汤、盐各适量，料酒、胡椒粉各少许

【做法】1.猪脚砍成块；花生米泡透，洗净；枸杞子泡透；胡萝卜去皮切块；葱切花；生姜去皮切片。

2.锅内加水，待水开时投入猪脚、胡萝卜煮片刻，捞起待用。

3.在砂锅内加入猪脚、胡萝卜、花生米、枸杞子、生姜片、料酒，注入高汤，加盖煲45分钟后调入盐、胡椒粉再煲10分钟，撒上葱花即成。

养生专题

猪脚具有活血通络的功效，对经常性的四肢疲乏、腿部抽筋、麻木有很好的食疗功效；花生同样具有活血的功效，可预防动脉硬化。本汤适合血脉不通、手脚经常麻木者饮用。

汤饮养生堂 1000例

鲍鱼菇青笋煲双瓜

【材料】鲍鱼菇200克，冬瓜、南瓜各150克，青笋50克，番茄1个，洋葱丁、碎芹叶各少许

【调料】盐、白糖各1小匙，黑胡椒、蚝油各少许，高汤适量

【做法】1.鲍鱼菇用清水洗净；青笋去老皮切段；冬瓜、南瓜分别洗净，去皮、瓤，切块；番茄去皮，切丁备用。

2.锅置火上，倒入适量的油，烧热后放入洋葱丁、番茄，番茄炒软后，倒入高汤，加入除芹菜叶以外剩余的各种材料及调味料，搅拌均后继续炖煮，直至汤汁浓稠时，撒碎芹叶即可。

养生专题

鲍鱼菇的营养极为丰富，具有补脾胃、除湿邪、驱风散寒、舒筋活络的功效。肥胖症、高血压、冠心病、动脉硬化患者，可经常食用，另外，鲍鱼菇对脾胃不和者也具有很好的食疗功效。

鸡血藤煲牛腩

【材料】牛腩300克，山药200克，红枣6颗，鸡血藤、杜仲各6克，葱段、姜片各适量

【调料】料酒、盐、味精、清汤各适量

【做法】1.将牛腩洗净切成长块，余烫后过凉；山药去皮洗净，切成滚刀块；红枣、鸡血藤、杜仲分别洗净。

2.往砂锅内倒入适量清汤，将牛腩、红枣、鸡血藤、杜仲、葱段、姜片、料酒一同放入锅中，大火烧开后改小火慢煲2小时，然后再投入山药，继续煲1小时后，再用盐、味精调味即可。

养生专题

该汤之所以具有通经活络的功效，是因为鸡血藤发挥了药用功效。中医认为：鸡血藤性温，味苦、甘，其中含有鸡血藤醇、蒲公英赛醇、菜油甾醇、豆甾醇、谷甾醇等成分，有助于补肝肾、强筋骨、活血补血、舒筋活络。适用于筋骨麻木、腰膝酸痛、风湿痹痛者食用。另外还可调理产后体虚。

菜凤尾菇煲猪腰

【材料】凤尾菇200克，芥菜80克，猪腰2个，葱花、蒜片各适量，泡椒少许

【调料】盐1小匙，蘑菇精半小匙，酱油适量，鸡汤2杯，料酒1大匙

【做法】1.猪腰处理干净，切花刀；凤尾菇切片，芥菜切段备用。

2.锅中放入适量的花生油，烧热后放入葱花、蒜片、泡椒，爆出香味后再放入猪腰炒至断生后，淋料酒，下入凤尾菇、芥菜，翻炒片刻，加入鸡汤、盐、蘑菇精、酱油炖至入味即可。

> **养生专题**
>
> 凤尾菇与香菇、平菇、金针菇一样，同属菌类，常食对人体有益。研究表明，凤尾菇具有健脾开胃、舒筋活络、益气补虚、祛脂减肥、补中益气、减脂、降压和提高人体免疫力的作用，一般人都能食用。

胃鲜鱼汤

【材料】鲜鱼500克（鲤鱼、胖头鱼、鲫鱼），白萝卜150克，尖椒100克，葱段、姜片各适量

【调料】白酒、黄酒、盐、味精各适量

【做法】1.白萝卜、尖椒洗净，切成菱形片。

2.将少许油放入锅中，烧至八成热，下鱼，点少量白酒，烧至微黄。

3.放入葱段、姜片，然后放入白萝卜片和尖椒片，加水，大火煎至微白。

4.待汤微开，点少许黄酒，放少许盐，中火煎煮，至酒味消失，待汤显白色，点少许味精即可。

> **养生专题**
>
> 白萝卜中维生素C的含量尤为丰富。它能够诱使人体自身产生干扰素，增加机体免疫力；白酒具有活血通脉的作用，适当饮用可扩张小血管，促进血液循环；黄酒同样具有活血驱寒、通经活络的功效。

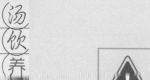

第七节 润肺补虚

RUNFEIBUXU

● 中医指南 ●

肺是人体的重要器官之一，在脏腑中的地位最高，位于胸腔左右各一片。肺的主要功能有四：

呼吸

肺是身体内外气息的交换场所，通过呼吸将新鲜空气吸入肺中，然后呼出肺中的浊气，完成一次气体交换。肺通过不断地吐垢纳新，促进气的生成，调节气的升降出入，促使新陈代谢正常运行。倘若肺功能失调，呼吸功能失常，新鲜空气无法吸进肺部，肺内的浊气也无法呼出，此时，人的生命即将终止。

散发气息、清洁呼吸道

通过肺气的散发、气化，排除体内浊气，并将脾传递来的津液和水谷精微散布到全身各个部位，内达身体各个器官，外至皮肤毛孔。还能温养皮肤肌肉、调节腠理开合，排除津液的代谢产物。倘若肺的散发气息、清洁功能正常，则气道通畅、呼吸均匀，反之则不然。

调节体液

肺对机体水液的输布、运行、排泄起着疏通和调节作用。机体从外部摄取的水液经胃传递给脾，脾将其布散到身体各个部位。若肺的调水功能失调，就会导致水液停聚而生痰、水肿。

促进血液运行

全身的血液要通过脉络聚集到肺部，经过肺的呼吸进行交换，然后传遍全身。这说明，肺还与血液的运行有关。一旦肺部受损，会影响血液的运行，防碍其他器官的正常工作。

● 中医诊断 ●

肺部发生病变产生的影响：呼吸困难、血液运行迟缓、身体各项机能不能协调工作等。严重时，还可能诱发多种肺部疾病，如肺结核、肺炎、肺癌等。

● 治疗原则 ●

在治疗或预防因肺部病变引起的各种疾病时，应以润肺补虚为主要原则。

● 推荐药材 ●

人参、冬虫夏草、鸡血藤、石斛、枸杞子、莲子、百合等。

推荐汤品 >>

石斛参须牛尾汤

【材料】牛尾400克，银耳、石斛、参须各20克，大枣5颗，姜丝少许

【调料】盐、胡椒粉各适量，料酒1大匙

【做法】1.牛尾洗净斩块，放入沸水中汆烫，去血水，捞出备用；银耳泡软，去蒂撕小朵，石斛、参须、大枣分别洗净备用。

2.煲中加清水煮沸，放入牛尾旺火褒滚，放入姜丝、料酒，小火煲2小时后，再放入其他材料，煲煮1小时后，加入盐、胡椒粉调味即可。

养生专题

中医认为，石斛性微寒，味甘、淡，具有滋阴养胃、生津止咳、清热、滋阴润肺的功效，对肺结核、热病伤阴、口干燥渴、病后虚热、阴伤目暗、食欲不振、遗精、腰酸膝软者有很好的食疗功效。参须的主要功能是大补元气，可滋润五脏，因此，该汤可滋补强身、润肺补虚。

枸杞百合莲子羹

【材料】鲜百合100克，莲子50克，黄花菜50克，枸杞子10克

【调料】冰糖适量

【做法】1.鲜百合瓣洗净，待用；黄花菜、枸杞子用温水泡开，洗净。

2.莲子去心，煮熟，待用。

3.锅内注入适量清水，再将百合、黄花菜、莲子、枸杞子、冰糖一同放入锅中，待汤滚沸后即可。

养生专题

百合富含淀粉和蛋白质等营养成分，是滋补佳品。中医认为：百合性味微寒，归心、肺经，其主要功效为润肺止咳、清心安神，具有良好的滋补功效。肺痨久咳、咳唾痰血者可食用；另外，热病后余热未清，虚烦惊悸，神志恍惚，脚气浮肿者也可食用。现代医学研究发现，百合对肺癌、鼻咽癌也有一定的食疗功效。

萝卜雪梨炖瘦肉

【材料】瘦肉100克，雪梨2个，胡萝卜1根，鲜百合1个，蜜枣10颗，姜片适量

【调料】盐适量

【做法】1.瘦肉切粒；雪梨去心切块；胡萝卜切片。

2.鲜百合洗净并掰成瓣。

3.在锅中加入水，放入瘦肉、雪梨、蜜枣、胡萝卜、姜片大火煮开。再用中小火炖30分钟。

4.下入百合，再炖10分钟，加适量盐调味即可。

养生专题

梨性味甘寒，对清心润肺有很好的作用。因肺结核、气管炎、上呼吸道感染造成的咽干、氧痛、声音沙哑、痰多等症，均可多吃梨。由于胡萝卜皮、梨皮中含有大量的营养物质，因此，煲汤时，不要将其去除。

肉山药枸杞汤

【材料】牛腱子肉300克，山药、枸杞子、桂圆肉各10克，芡实50克，葱段、姜片各适量

【调料】料酒、盐、味精、清汤各适量

【做法】1.将牛腱子肉洗净，切块放入沸水中汆烫，除去血水，捞出沥干；芡实、枸杞子洗净后用温水泡软；山药、桂圆肉洗净备用。

2.往砂锅中倒入适量的清汤，将牛腱子肉、芡实、山药、葱段、姜片、料酒一同放入锅中，大火煮沸后改小火慢煲，2小时后放入枸杞子、桂圆肉，小火慢煲30分钟后，再用盐、味精调味即可。

养生专题

中医认为：山药性平，味甘，归脾、肺、肾经。富含皂苷、黏液质、胆碱、淀粉、糖蛋白、维生素C、山药碱、多种氨基酸及矿物质等成分，对健脾补肺有很好的功效，芡实同样具有补脾胃、益肺肾的功效，并且容易吸收。

肉银耳藕片汤

【材料】银耳20克，羊肉100克，藕片50克，葱花少许，枸杞子10粒

【调料】盐1小匙，淡奶1大匙，鸡汁半小匙

【做法】1.羊肉洗净切大块，放入沸水中氽烫去血水，捞出备用。

2.银耳用温水泡发，去蒂撕成小朵；莲藕去皮洗净切片，备用。

3.锅中加色拉油烧热，下入葱花、羊肉翻炒片刻，倒入适量清水煮至八成熟时，放入藕片、枸杞子、银耳，稍煮片刻，调入盐、鸡汁、淡奶，入味后即可起锅食用。

 生莲子汤

【材料】猪尾1根，木瓜150克，花生米50克，莲子适量，芡实50克

【调料】香油、盐各适量

【做法】1.猪尾去毛，洗净，斩成中段，氽烫备用。

2.木瓜去瓤、皮，切大块；花生仁、莲子、芡实分别淘洗干净。

3.锅内倒入清水烧开，放入所有材料，大火煮30分钟，改中火煮60分钟，再用小火煮90分钟。

4.汤熟后放香油、盐调味即可。

养生专题 莲子具有除烦去燥、润肺止咳的作用，平日可多饮以莲子为食材的汤品，可起到滋阴润肺的作用，同时，莲子对治疗虚咳也有辅助治疗作用。

参萝卜百合汤

【材料】牛腩肉200克，沙参15克，青萝卜100克，胡萝卜1根，口蘑30克，百合25克，葱段、姜片各少许

【调料】八角1粒，盐适量，料酒1大匙

【做法】1.牛肉洗净，切块，放入沸水中余烫，用料酒去腥味后，捞出备用。

2.口蘑洗净切成十字花刀；青萝卜、胡萝卜分别去皮洗净，切成块；百合、沙参洗净备用。

3.向锅中注入清水适量，将各种材料以及八角一同放入锅中，大火煮沸后，改小火慢煲，2小时后，用盐调味即可。

养生专题

沙参是一味常见中药，具有养阴清肺的作用。《本草正义》中记载：沙参可清肺胃之热，具有养肺胃的作用；百合，也具有滋阴润肺的功效；而萝卜对人体的滋补功效也很强，本汤可润肺益气，清心安神，滋五脏。

草煲老鸭

【材料】老鸭1只，虫草10根，葱段适量，姜数片

【调料】盐2小匙，味精1小匙，料酒2大匙，八角2粒

【做法】1.老鸭去内脏洗净，入沸水中余烫，捞出去血水、浮沫；虫草用温水洗净。

2.高压锅内加水烧开，放入老鸭、虫草、料酒、八角、葱段、姜片压熟，熄火放气，加盐、味精调味即可食用。

养生专题

中医认为，冬虫夏草味甘，性温，归肺、肾经。冬虫夏草向来被视为是壮阳的药材，现代医学实验证明，该药材还具有增强机体免疫力、增加心肌营养血流量、降低胆固醇等作用，不仅可改善老年人的慢性支气管炎，对肺部还有滋润功效，能有效抑制肺气肿、肺结核等症。

第八节 健胃消食
JIANWEIXIAOSHI

● 中医指南 ●

　　胃是食物的收购站，对人体每天摄入的食物进行收纳、消化和吸收。由于，人体所需的气血，是由食物生成的，故中医将胃称之为"水谷之海"。

　　胃与脾是人体的重要器官，二者相互配合，共同为人体其他器官服务，但这并不是说，胃和脾具有同等的功能，二者之间虽然具有一定的联系，但也存在着很大的差异，胃的主要功能有以下两点：

消化食物

　　人体摄入的食物通过食管进入胃中，再经过胃的消化下传给小肠，其中的营养成分依靠脾传递给全身各个器官，由此看来，胃必须与脾相互配合才能将养分传递出去。倘若胃的生理功能丧失或下降，就无法将食物消化掉，也无法提取出身体所需的营养成分，影响其他器官的正常工作，可能会出现食欲不振、不思饥饿，即使吃东西，也不能被消化等症状。

传输养分

　　胃将食物消化以后，提炼出食物中的营养素，并将其传递到身体各个部位。倘若胃能很好地完成传输工作，不但可以为体内其他器官准时传递营养，还能增进食欲、振奋精神，反之，如果胃的这一功能减退，不仅会影响食欲还会出现口臭现象。

● 中医诊断 ●

　　消化不良的症状表现包括：断断续续有上腹不适或疼痛、饱胀、烧心（反酸）、嗳气等现象出现。常因胸闷、早饱感、腹胀等不适而不愿进食或尽量少进食，夜里也不易安睡，睡后常做恶梦。

● 治疗原则 ●

　　消化不良多由胃动力障碍所引起的，治疗过程中，可将重点放在健胃消食上。其实，胃动力受到影响后，导致的疾病还有很多，消化不良只是其中之一，在治疗因胃动力减弱诱发的疾病时，最关键的一点就是增强胃动力。

● 推荐药材 ●

　　白果、山药、枸杞子、陈皮等。

推荐汤品 >>

牛蒡枸杞猪骨汤

【材料】牛蒡100克,枸杞子10克,猪大骨500克,荸荠200克

【调料】料酒、醋、盐、清汤各适量,味精少许

【做法】1.将牛蒡洗净拍松;枸杞子洗净后用温水泡软;猪大骨剁成小块,放入沸水中汆烫后,过冷水;荸荠去皮洗净,一切两半。

2.把猪骨头、牛蒡一同放入锅中,倒入适量的清汤,调入料酒、醋,大火烧开后,改小火慢煮,2小时后放入荸荠、枸杞子,30分钟后用盐、味精调味即可食用。

养生专题

牛蒡也叫做东洋人参,其肉质富含大量的营养元素,是一种保健型蔬菜。由于牛蒡中含有大量的膳食纤维,因此,对加强肠胃功能、促进肠道蠕动有很好的作用,从而达到健胃消食的目的。牛蒡中含有丰富的蛋白质、脂肪、碳水化合物、磷、钙、铁等营养元素。经常食用牛蒡,还可预防糖尿病、高血压、早衰。

黑豆泥鳅汤

【材料】泥鳅250克,黑芝麻15克,黑豆50克,枸杞子适量

【调料】鸡粉、盐各适量

【做法】1.黑豆、黑芝麻洗净备用;泥鳅放冷水锅内,加盖,加热烫死,取出,洗净,沥干水分后下油锅煎黄,铲起备用。

2.把黑豆放入锅内,加清水适量,大火煮沸后,再用小火续炖至黑豆将熟时,放入泥鳅、黑芝麻、枸杞子煮至黑豆熟烂时,放入盐、鸡粉调味即成。

养生专题

黑芝麻具有良好的滋补功效,由于芝麻带有浓郁的香味,因此可促进食欲。加之芝麻中含有大量的油质,具有润肠功效,可加快肠道蠕动,从而起到健胃消食的作用。

雪 菜牛肉汤

【材料】牛肉500克，玉竹10克，参须5克，黑枣4颗，雪菜100克，葱段少许

【调料】盐适量

【做法】1.将牛肉洗净切块，放入沸水余烫后，捞出备用；雪菜择洗干净，切段；其他材料洗净待用。

2.向锅中注入适量清水，烧沸后放入除雪菜以外的所有材料，大火煮沸后改小火慢煲，1小时后放入雪菜，续煮至材料熟烂，用盐调味，搅拌均匀即可。

养生专题 雪菜又名雪里蕻，是很好的食疗材料。其中含有丰富的蛋白质、脂肪、多种维生素、矿物质及膳食纤维，能有效地促进肠胃蠕动，即能起到开胃生津的作用，又能增进食欲；雪菜中富含大量的抗坏血酸，是活性很强的还原物质，能起到醒脑提神、消除疲劳的作用；雪菜还可以清热、抗菌、消肿，是不可多得的保健食材。

草 果陈皮青鱼汤

【材料】青鱼1条，卷心菜半棵，草果、陈皮各5克，党参15克，葱段、姜片各少许

【调料】盐适量，胡椒粉少许

【做法】1.青鱼去鳞、鳃、内脏洗净后切块，用油煎炸至金黄色后，盛出备用。

2.卷心菜、草果、陈皮、党参分别洗净，卷心菜切块，待用。

3.将所有处理好的材料一同放入锅内，注入一定量的清水，大火滚沸后改小火慢煲，1小时后，用盐、胡椒粉调味即可食用。

养生专题 陈皮中带有一种特殊的苦味，其苦味物质是以柠檬苷和苦味素为代表的"类柠檬苦素"，该种"类柠檬苦素"味平和，易溶于水，具有促进消化的作用，适合胃中积食、食欲不振者食用；草果味辛，性温，归脾、胃经，具有健胃消食的作用。

菜酸辣汤

【材料】苦菜 200 克，香菜末、姜末、葱花各适量

【调料】白醋、盐、胡椒粉、白糖、香油、料酒、味精、水淀粉各适量

【做法】1.苦菜洗净，切成段。

2.锅内放水、姜末烧开，再加入白醋、盐、胡椒粉、白糖煮沸，下入苦菜，加香油、料酒、味精调味。

3.用水淀粉勾薄芡，撒上香菜末、葱花即可。

养生专题 此汤五味俱全，具有开胃助食、清热解毒的功效，适用于脾胃呆滞、消化不良、血淋、痔瘘等症。

[重点提示] 苦菜一次不宜食用过多，否则容易引起恶心、呕吐等不适反应。

菜黄瓜汤

【材料】黄瓜 300 克，香菜 30 克，生姜 20 克

【调料】盐、胡椒粉各适量，鸡粉半小匙，香油少许

【做法】1.黄瓜洗净切丝，备用。

2.香菜洗净切段；生姜去皮切丝备用。

3.向锅内注入适量的清水，放入鸡粉、姜丝，大火煮沸后，下黄瓜、盐，再次煮沸后，放入胡椒粉调味，出锅前撒入香菜段，滴入香油即可。

养生专题 香菜中的营养成分非常丰富，药用价值也非常高。《本草纲目》中记载，香菜性味辛温香窜，可内通心脾，外达四肢，并具有健脾胃的作用。

[重点提示] 阴虚、皮肤瘙痒、口臭、狐臭、胃溃疡者不要食用。

丝瓜魔芋汤

【材料】丝瓜200克，魔芋、绿豆芽各100克，枸杞子10克

【调料】鲜汤、盐各适量

【做法】1.将丝瓜洗净去皮切块备用。

2.绿豆芽洗净；魔芋、枸杞子放入沸水中余烫备用。

3.锅内倒入鲜汤煮开，放入丝瓜、魔芋，大约焖煮10分钟左右。

4.加入绿豆芽稍煮片刻，放入枸杞子，加盐调味即可。

养生专题

魔芋具有神奇的保健作用和医疗功效，被人们称为"魔力食品"。魔芋中含有目前发现的最优良的可溶性膳食纤维，能促进肠道蠕动，具有润肠通便、健胃消食、排除毒素的功效，对防治消化不良、便秘有很好的效果。不仅如此，魔芋还可以有效地减低餐后血糖，减轻胰脏的负担，使糖尿病患者的糖代谢处于良性循环状态。同时，魔芋中还含有钙、平衡盐等成分，有洁胃、整肠、排毒等功效。

西洋菜鱼片汤

【材料】西洋菜300克，武昌鱼半条，姜4片

【调料】高汤2杯，料酒1小匙，盐半小匙，香油适量

【做法】1.西洋菜洗净，切4厘米小段；鱼去骨，切薄片；姜切细丝。

2.高汤加5杯水煮滚后，加入西洋菜煮约5分钟，放入鱼片、姜丝，并以盐调味后，淋上料酒，滴上香油即可。

养生专题

武昌鱼肉质鲜嫩洁白，富含大量的蛋白质和脂肪，营养价值很高。中医认为：武昌鱼性味甘温，能起到消食健胃的作用。

第九节 温脾补气
WENPIBUQI

● 中医指南 ●

脾是人体消化系统的主要脏器之一，机体的消化运动，主要依靠脾的生理功能，机体生命的持续和气血津液的生化，都离不开脾，中医将脾称为气血生化之源、后天之本。脾的功能有三：

传送

将饮食水物化成精微，并将其传送到全身。脾气健旺，饮食水化物的运输力度强，精微物质得以被充分吸收，气、血、津液来源充足，肾所需要的精气得以不断的培育和补充，身体各个脏腑器官才能吸收到养分，维持正常的生理活动。反之，则可能引发多种病症，如：腹胀、食欲不振、疲倦、消瘦等。

运输

脾气还可以吸收水谷精微，并将其运输到心、肺、头等器官，通过心、肺、头的作用产生气血滋养全身各个器官，确保其他器官的正常运行。脾气上升可防止内脏下垂，脾气虚弱、升举功能不足，会导致内脏下垂，常见症状有：少腹坠胀、久泄脱肛、子宫下垂、肾下垂、胃下垂等。

调控

脾还具有控制血液在血管中正常运行的功能。脾气健旺运化功能强，血液就不会从脉中溢出，反之，则可能导致出血。

● 中医诊断 ●

脾虚的主要症状包括：食欲不振、身体发软、舌体淡红、舌苔白腻、面色萎黄、精神疲惫、身倦乏力。

● 治疗原则 ●

治病应求本，治疗因脾虚导致的多种疾病时，当以健脾胃扶正去邪为主，通常情况下，可选择汤饮治疗和药物治疗两种，饮食调养过程中，还应辅以具有强脾胃功效的中医药材，以药膳治病效果最佳。

● 推荐药材 ●

白果、桂圆、银耳、甘草等。

汤的中医全面养生

推荐汤品 >>

养生专题

甘草是日常生活中的常用药材，具有很高的药用价值。中医认为：甘草具有补脾润肺的作用；而白术性温味甘苦，归脾、胃经，具有补脾、益胃的功效。《本草汇言》中记载："脾虚不健，术能补之。"这说明，白术是补脾的重要药材。因此，本汤具有益气补虚，健脾和胃的作用。

甘 草白术鱼汤

【材料】麻哈鱼肉300克，甘草6克，白术10克，山药50克，油菜30克，橘皮丝少许

【调料】盐适量

【做法】1.鱼肉洗净切段，放入油锅中煎炸，直至金黄后，盛出备用。

2.山药去皮洗净，切块；其他材料分别洗净备用。

3.锅内放入适量的清水，将所有材料全部放入锅中，大火煮沸后，改小火慢煲，40分钟后用盐调味即可食用。

二 冬汤

【材料】冬笋150克，冬菇100克，姜丝适量

【调料】味精、盐、料酒、白糖、酱油、水淀粉、香油各适量

【做法】1.将冬菇洗净，用温水泡好后切成两半；冬笋去皮洗净后切成两半，放在开水中氽烫，切成片，备用。

2.油锅烧至五成热时，放入姜丝炒出香味后加入适量清水，再加入盐、味精、料酒、酱油、白糖，5分钟后将冬笋及冬菇一起入锅，小火慢炖10分钟，然后加入水淀粉，出锅前用香油调味即可。

养生专题

冬菇与冬笋均为山珍，不仅味道鲜美，还具有一定的保健功效。《本草纲目》中记载，冬笋具有消渴、利水道、益气、化热、消痰、爽胃的作用，而冬菇，则具有益气、开胃的作用。将二者结合食用，能补中益气，生津止渴，清热利水。对脾胃气虚者有很好的食疗功效。

银耳鸽蛋汤

【材料】银耳20克，鸽蛋8个

【调料】冰糖适量

【做法】1.将银耳用温水泡开，择去老根，除去杂质，反复揉洗后沥干；鸽蛋洗净煮熟剥壳逐个切成两半备用。

2.锅内倒入适量清水，银耳放入锅中小火慢煮，1小时后放入冰糖，继续小火慢煮，20分钟后放入鸽蛋，再煮3分钟即可。

养生专题

银耳性平无毒，既是名贵的营养滋补佳品，又是扶正强壮的补药，有补脾开胃、益气清肠、滋阴养肺的功能，还能增强人体抵抗力；鸽子蛋营养价值很高，与银耳搭配煲汤，可以提高汤品的营养价值。

薏米老鸭汤

【材料】薏米100克，老鸭1只，葱段、姜块各适量

【调料】料酒、盐、鸡粉、胡椒粉各适量

【做法】1.将老鸭清洗干净，除内脏、脚爪，剁成大块，放入沸水中汆烫去血水，捞出备用。

2.将处理好的鸭块放入锅中，倒入适量的清水，把薏米、姜块、葱段、料酒一同放入锅中，大火烧开后改用小火煲，2小时后，用盐、鸡粉、胡椒粉调味即可。

养生专题

薏米的滋补效力很强，主要成分有：蛋白质、维生素B_1、维生素B_2。具有健脾补肺、清热利湿的作用。由于薏米的营养比较容易被身体吸收，是很好的食疗食品。

[重点提示]便秘、尿多及怀孕早期的女性禁止食用；消化功能较弱的小孩与老弱病者也不宜食用。

黑 鱼冬瓜汤

【材料】黑鱼1条，冬瓜300克，赤小豆50克，小葱1根，老姜1块

【调料】盐适量

【做法】1.黑鱼刮鳞去内脏；冬瓜去瓤、子，洗净切块；赤小豆洗净，葱洗净切段；老姜去皮切片。

2.将上述食材一同放入汤锅内，加适量水以小火煮至豆酥鱼熟，加盐调味即可食用。

养生专题

黑鱼的主要成分有：蛋白质、脂肪、糖类、多种维生素、矿物质等。黑鱼除了能做汤、菜以外，还可入药。常吃黑鱼，可滋补强身。中医认为：黑鱼肉性味甘寒、无毒，对补脾益胃有很好的作用。

[重点提示] 黑鱼与茄子不能同食，否则会伤害肠胃。

鸡 汤煮火腿

【材料】鸡肉200克，蘑菇50克，火腿丁、玉米粒、香菜各适量

【调料】酱油、料酒、盐各适量，高汤6杯

【做法】1.鸡肉洗净切条；香菜洗净切段。

2.将高汤倒入锅内，大火煮沸后，下入鸡条、蘑菇、玉米粒、酱油、料酒、盐，中火慢熬，直至汤汁味浓时，再放入火腿丁、香菜，搅拌均匀后即可食用。

养生专题

鸡肉中富含大量的蛋白质、脂肪及各种维生素。具有补虚、暖胃、强筋健骨、活血调经的作用，常吃鸡肉，对人体大有补益。将鸡肉与火腿搭配煲汤，该汤的味道更鲜美。

海参豆腐汤

【材料】豆腐1块，鱼肉、蟹肉、虾仁、海参、冬菇各50克，蛋清2个

【调料】A：高汤4碗，料酒2大匙，盐、胡椒粉各1小匙 B：水淀粉适量

【做法】1.豆腐切成小丁；鱼肉、蟹肉、虾仁分别洗净，切成小粒；海参洗净，切片；冬菇洗净，去蒂，切丝；蛋清打散。

2.将调料A煮滚后，加所有材料煮熟。

3.淋入调料B，倒入蛋清搅匀煮滚即可。

养生专题 海参是高蛋白、低脂肪、低胆固醇食物，被称为海洋中的活化石。中医认为，海参味甘、咸，性温，具有健脾的作用。

鱼片木瓜汤

【材料】鲜鱼肉150克，木瓜300克，杏仁1大匙，红枣6颗，香菜少许

【调料】柴鱼精半小匙，白胡椒粉、盐各少许

【做法】1.木瓜去皮、去子后切大块；鱼肉切小块。

2.把杏仁、红枣、木瓜放入水中煮3分钟，至瓜肉变软。

3.加入调味料与鱼肉煮熟。

4.最后撒入香菜即可。

养生专题 木瓜是水果中的珍品，其中含有一种酶，能消化蛋白质，有利于人体对食物进行消化吸收，因此说，木瓜具备健脾消食的作用。经常食用，对脾胃大有裨益。

第十节 活血化淤

HUOXUEHUAYU

● 中医指南 ●

　　血是体内运行于脉络中的红色液态样物质，是输送养分的载体，是维持生命的基本物质之一，对人体具有很重要的作用。

　　中医在很早以前就认识到，血液在由心、肺、脉构建的相对密闭的管道中运行不息，流遍全身每个角落，周而复始、不厌其烦地为脏腑各个器官提供充分的养料，确保它们的正常工作。而血液是否能正常运行，也与心、肺、肝等脏腑器官有关。脏腑功能下降会降低血液的流通速度，导致血液流通不畅，引发多种疾病，另外，血管垃圾同样会阻碍血液流通，造成血管堵塞，引发心脑血管疾病。

● 中医诊断 ●

　　血流不畅导致：高血压、心脏病、静脉曲张、面色苍白、脸上生斑，严重时还可能危及生命。

● 治疗原则 ●

　　中医认为，凡是因血流不畅造成的疾病，都应以活血化淤为主，人体的血管壁上附着着许多杂质，这是导致血管堵塞、血流不畅的主要原因之一。在活血的基础上，还应及时清除血管垃圾，这样才能达到令血液畅通运行的目的。

● 推荐药材 ●

　　三七、当归、丹参、红花、天麻、百合、益母草、五灵脂、牛膝、泽兰、腊梅花等。

快速去除淤血

　　日常生活中，人们经常会因不小心磕伤或碰伤，反应在皮肤上则是一片淤青，这是因为皮下毛细血管破裂所致。血液从毛细血管破裂处渗到皮下形成淤青。此时，最方便的治疗方法是热敷，取一块洁净的毛巾，放入热水中浸湿，敷在患处可促进局部血液循环，促进淤血消散。一般机体会慢慢吸收皮下淤血，时间需要两周左右。

推荐汤品 >>

 皮紫菜鸽蛋汤

【材料】豌豆苗50克，紫菜15克，鸽蛋5个，虾皮2大匙，葱花适量

【调料】高汤2大碗，醋2大匙，味精、香油、盐各适量

【做法】1.豌豆苗、紫菜洗净，放入大碗中，撒上虾皮和葱花，放入醋、味精、盐、香油。

2.鸽蛋煮熟，去皮后，也放入大碗内。

3.锅内放高汤烧沸，倒入大碗中，用筷子搅匀即可。

 养生专题

鸽子蛋因营养丰富、产量低，被视为席上珍品，是青少年、老年人和脑力劳动者的最佳补品。鸽蛋中含有丰富的优质蛋白和多种微量元素，与鸡蛋相比，营养价值要高出许多。中医认为：鸽子蛋性平味甘，可清除产妇体内淤血，同时，还兼具补肾益气的作用。

 兰花猪肉煲

【材料】猪腱肉400克，蜜柚2个，胡萝卜2根，西兰花30克，洋葱丁少许

【调料】盐适量，鸡粉半小匙，白糖少许

【做法】1.猪腱肉洗净切块；蜜柚去皮切块；胡萝卜去皮洗净切段；西兰花洗净瓣成小朵，备用。

2.油锅烧热后，放入洋葱丁、猪腱肉、蜜柚块、胡萝卜、西兰花翻炒上色后，加入适量的清水，大火烧沸后，放入盐、鸡粉、白糖，继续煮30分钟即可。

 养生专题

西兰花是含黄酮最多的食物之一。因此，西兰花除了可以防止感染以外，还具有很好的活血功能，被称作"血管的清理剂"，可有效防止血小板的凝固，促进血液循环。

海鲜疙瘩汤

【材料】虾仁、蟹肉棒各50克，鸡蛋皮丝少许，面粉、葱末各适量

【调料】盐、胡椒粉、香油各适量

【做法】1.虾仁去净泥肠，洗净切成两段备用；蟹肉棒剥去外皮，切小段备用。

2.面粉加适量水，调成疙瘩状。

3.锅内放水煮沸，加入调好的面疙瘩、盐、胡椒粉同煮2分钟。

4.再加入虾仁、蟹肉棒煮熟，放入蛋皮丝，淋入香油即可。

养生专题

蟹肉含10余种游离氨基酸，其中谷氨酸、甘氨酸、组氨酸、精氨酸含量较多。其甲壳素能增强抗癌药物的药效。中医认为：螃蟹有养筋活血、通经络的作用，对淤血、损伤有一定的食疗效果。

笋丝蟹肉汤

【材料】蟹肉100克，豆腐50克，芦笋、蛋清、香菇、虾仁、姜丝各适量

【调料】醋、胡椒粉、料酒、盐、味精、水淀粉各少许，鲜汤适量

【做法】1.芦笋去皮洗净，切丝；香菇浸软，择洗干净；豆腐切丝；蛋清打匀。

2.将油锅烧热，放入蟹肉、虾仁、料酒，翻炒片刻后倒入鲜汤，大火煮沸后，放入芦笋丝、香菇、豆腐丝，再次煮沸后放入盐、味精、胡椒粉、姜丝，搅拌均匀后，倒入水淀粉勾芡，最后淋入蛋清，加入醋，搅匀后即可食用。

养生专题

芦笋具有很高的保健价值，其性味甘寒，具有活血的作用，与蟹肉搭配煲汤，更能发挥其活血化淤的功效。

芎葱白鱼头汤

【材料】鱼头半个，川芎12克，葱白10根

【调料】盐适量

【做法】1.鱼头、川芎分别洗净；葱白洗净后，切段。

2.油锅烧热，将鱼头放入锅内略煎后，放入适量清水，再将川芎放入锅内，大火烧开后改小火慢煲，90分钟后，放入葱白，再次煮沸后，用盐调味即可。

养生专题　中医认为：川芎性味辛、温，归肝、胆、心包经，具有活血行气、祛风止痛的作用。可治疗胸痹绞痛、胸胁胀痛或刺痛，对女性月经不调、痛经、闭经或产后淤阻腹痛、疮痛肿痛也有很好的调理作用。

花鸡汤

【材料】红花3克，当归15克，橙子1个，母鸡1只，无花果2个

【调料】盐适量

【做法】1.母鸡宰杀去腿、头、内脏，洗净后放入开水中氽烫，捞出后备用。

2.橙子去皮切半；无花果切开；当归、红花分别洗净待用。

3.将所有材料全部放入锅内，加入适量的清水，大火烧开后，改成小火慢煲，2小时后，放入盐，搅匀即可食用。

养生专题　中医认为：红花味辛，性微温；归心、肝经。具有活血通经、去淤止痛的作用。《本草再新》中记载，红花还可以"利水消肿"。现代医学研究表明，红花具有兴奋子宫的作用。有辅助治疗闭经、难产、产后淤血痛、跌打损伤等症的作用。

[重点提示]红花并非人人都可食用，患有溃疡病的人，应慎用。

茄子鸡片汤

【材料】长茄子2根,鸡胸肉200克

【调料】水淀粉、酱油、料酒、白糖、盐、红辣椒油各适量

【做法】1.鸡胸肉洗净切成条;茄子去蒂,洗净,切薄片,放入温油中略炸,捞出油,备用。

2.水、白糖、酱油、料酒、红辣椒放入锅中,沸腾后放入鸡胸肉,煮至九成熟时放入茄子略煮,并以盐调味。

3.放入水淀粉勾芡,搅拌均匀即可。

养生专题

茄子所含的维生素P,能增强人体细胞间的黏着力,降低血清胆固醇,提高微血管对疾病的抵抗力,具有降低毛细血管脆性、防止出血、降低血液中胆固醇浓度和降压的作用。茄子有抗衰老的功能,而且对癌症也有很好的食疗作用,可活血化淤、止痛消肿、宽肠。适宜眼底出血、咯血、动脉硬化、皮肤紫斑症等人食用。

[重点提示]过老的茄子忌食。凡是虚寒腹泻、皮肤疮痛者忌食;孕妇及目疾患者也应慎食。

奶香玉米土豆汤

【材料】玉米罐头1罐或玉米渣适量,鸡蛋2个,土豆1个,番茄1个,芹菜少许

【调料】鲜奶1袋,水淀粉、白糖、盐、鸡粉各适量

【做法】1.土豆削皮,切成小丁,放入清水中浸泡10分钟;芹菜切末;鸡蛋打入碗中;番茄洗净切块。

2.锅内加水与鸡粉,大火煮至鸡粉溶解。

3.放入土豆丁,煮沸后加入鲜奶、番茄块和玉米,将水淀粉沿锅边淋入锅中勾芡,搅动汤汁,将汤汁煮至呈黏稠状。

4.把打散的蛋液倒入锅中,最后放入白糖、盐调味,并撒上芹菜末,即可食用。

养生专题

土豆被誉为人类的"第二面包",它是低热能、高蛋白、含多种维生素和微量元素的保健食品,中医认为:土豆性平味甘,具有消炎活血、消肿止痛的作用。

第十一节 补肾强身

BUSHENQIANGSHEN

中医指南

　　肾位于腰部脊柱两侧，左右各一个，是脏腑内调节阴阳的关键器官，中医将其称为生命之源。肾具有三种功能：

可摄纳、贮存、封藏精气

　　肾的这一作用机理在于，肾能使精气充盈，避免精气流失。如果肾的这一功能减弱，会导致精气无故流失，出现遗精、滑泄等症，因精气不足，影响机体生长、发育和生殖功能。

主持、调节水液代谢

　　人体的水液代谢包括两方面，一方面是将饮食中的水转化成津液输送到全身各处，起到补充血液容量和滋养脏腑器官的作用；另一方面，将身体内部各个器官代谢后的水液转换成汗液排出体外，维持体内外水液平衡。在整个代谢过程中，肾的气化作用贯穿于整个过程，因为，参与代谢的脏腑器官都要依靠肾中精气的激发推动才能完成任务。因此，肾功能失调，会引起许多麻烦。

纳气

　　虽说肺部能接纳呼进的新鲜空气，但是没有肾的协助也不能圆满地完成任务。肾在这一过程中起纳气作用，避免呼吸表浅的现象发生。肾的纳气功能正常，则呼吸均匀，反之，呼吸则较为浅显，出现动辄喘气、呼多吸少等症状。

中医诊断

　　肾虚的主要症状包括：遗精、阳痿、早泄、性冷淡、不育、不孕等。这只是其中的一部分，事实上，肾虚的表现症状多种多样，从全身的各个部位均能表现出来。

治疗原则

　　肾虚的治疗，主要可分为三种，即药物治疗、运动治疗以及食疗。三者各具优缺点，但无论使用哪种治疗方法，都是以补肾为基础，进行辨证分析。

推荐药材

　　银耳、白果、荷叶、草决明、杜仲、田七、熟地、肉苁蓉、枸杞子等。

推荐汤品 >>

 鹿肉什蔬汤

【材料】鹿肉200克，西兰花30克，胡萝卜20克，玉米笋1罐，木耳、银耳各少许，葱、姜、蒜各适量

【调料】盐适量，味精半小匙，料酒2大匙，高汤8杯

【做法】1.鹿肉洗净，切片，放入盛有盐、料酒的碗中，腌制入味。

2.西兰花洗净掰成小朵；木耳、银耳温水泡开后，撕成小朵。

3.从玉米笋罐头中取出笋，切斜纹；胡萝卜洗净切片。

4.油锅烧热后，放入葱、姜、蒜、料酒，炒出香味后，放入鹿肉，翻炒片刻，加入高汤，大火煮开后放西兰花、胡萝卜、玉米笋，续煮10分钟，放木耳及银耳，再次煮沸后用盐、味精调味即可。

养生专题

中医认为：鹿肉性味甘、温，可滋补五脏、调理血脉。《医林纂要》中记载：鹿肉还具有补脾胃、益气血、补助命火、壮阳益精、暖腰脊的作用。因此，本汤品具有养血美容、温肾壮阳、补益脾胃的功效。

 田七杜仲煲猪腰

【材料】猪腰2个，田七15克，杜仲30克，栗子80克，葱段、姜片各少许

【调料】盐适量，胡椒粉半小匙，料酒1大匙

【做法】1.猪腰剖开去筋膜，放入清水盆中浸泡，10分钟后捞出切花刀，放入沸水中汆烫，去血水。

2.栗子去皮，洗净；田七、杜仲洗净待用。

3.将所有材料一同放入锅中，加入适量的清水与料酒，大火煮沸后，改小火慢煲，2小时后用盐、胡椒粉调味即可。

养生专题

猪腰具有滋阴养肾的功效。适用于肾虚腰痛及患肾炎、肾盂肾炎后出现的腰部酸痛症。猪腰中还含有丰富的维生素、矿物质等营养物质。

杜仲牛膝猪脚汤

【材料】猪脚1只，杜仲30克，牛膝15克

【调料】盐适量

【做法】1.猪脚去毛、洗净，一分两半；杜仲、牛膝清水洗净。

2.将所有材料一同放入锅中，加入适量的清水，大火煮沸后，改用小火慢煲，2小时后用盐调味即可。

枸杞牛肉汤

【材料】牛肉60克，草决明、枸杞子、黄精各15克，生姜2片

【调料】盐、味精各适量

【做法】1.草决明、枸杞子、黄精、生姜分别用清水洗净；牛肉洗净，切块。

2.将所有材料（枸杞子除外）放入锅中，加入适量的清水，大火煮沸后，改小火慢煲，2小时后，放入枸杞子煮开，用盐、味精调味即可。

二 菇鸡块汤

香菇中的麦角固醇可以在日光或紫外线照射下转变为维生素D，所以晒干的香菇比较有营养。中医认为：香菇性味甘、平、凉，可以补肾、养肝。香菇煲鸡不但可预防肌肤干燥，对祛除角质也有不错的效果，不仅如此，此汤还可以补充胶原蛋白，既能起到补肾强身的作用，又能防止骨质疏松，是人们理想的滋补汤品。

【材料】鸡半只，香菇3朵，洋菇5朵，小油菜150克，葱段、蒜末、姜片各适量

【调料】A：酱油、水淀粉各1大匙，料酒半小匙，胡椒粉、鸡粉各少许

B：蚝油、料酒、白糖、水淀粉各1小匙，酱油1大匙，香油少许

【做法】1.鸡洗净切块，加调料A腌后入滚油中略炸，捞出沥油，小油菜洗净余烫后沥干；香菇、洋菇均洗净，切片。

2.热油锅爆香葱段、蒜末、姜片及鸡块，放入调料B，放入香菇、洋菇煮约5分钟，盛入砂锅内，改中火煮至鸡熟，放入小油菜稍煮即可。

鱼 肚鲜虾苦瓜汤

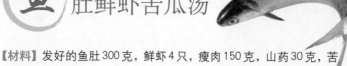

【材料】发好的鱼肚300克，鲜虾4只，瘦肉150克，山药30克，苦瓜100克

【调料】盐适量

【做法】1.鲜虾去须，除虾线，洗净；苦瓜去瓤，洗净，切段，备用。

2.瘦肉洗净切块，放入沸水中余烫去血水，捞出；鱼肚用咸水冲净切段；山药洗净待用。

3.向锅内注入适量的清水，将鱼肚、瘦肉、山药一同放入锅内，大火煮20分钟，然后放入苦瓜小火慢煲，40分钟后放入鲜虾，直至鲜虾变为深红色后，再用盐调味即可。

鹿角胶排骨汤

【材料】排骨500克，鹿角胶、杜仲、枸杞子各9克，山药10克，当归3克，葱段、姜片各适量

【调料】料酒、盐、鸡粉、胡椒粉、清汤各适量

【做法】1.将排骨用清水洗净并斩成小段，投入沸水中汆烫去血水，捞出沥干；杜仲、山药、枸杞子、当归洗净备用。

2.锅内倒适量清汤，将排骨、鹿角胶、杜仲、枸杞子、山药、当归一同放入锅中，加入葱段、姜片、料酒，大火烧开后改小火慢煲，3小时后用盐、鸡粉、胡椒粉调味，搅拌均匀即可起锅。

养生专题 鹿角胶含有胶质、钙质，中医认为：其性味甘咸，温，有温补肝肾、益精养血之功效，可强化筋骨、调理肾脏功能、预防骨质疏松。对治疗肾气不足、虚劳、腰痛、男子阳痿、滑精、女性子宫虚冷、崩漏、带下有很好的作用。

白果煲猪肚

【材料】水发腐竹50克，白果50克，猪肚1只，猪脊骨150克，猪瘦肉100克，枸杞子、葱花各少许，老姜1块

【调料】盐适量，鸡粉少许

【做法】1.猪瘦肉斩块；猪肚洗净切块；猪脊骨剁块；腐竹切段。

2.用砂锅烧水至滚后，放入猪肚、猪瘦肉、猪脊骨煮去表面血渍，再用水洗净。

3.锅中重新加清水，放入猪肚、猪瘦肉、猪脊骨、老姜、白果，煲2小时后，放入腐竹煮开，调入盐、鸡粉，撒上枸杞、葱花即可食用。

养生专题 白果富含淀粉、蛋白质、糖、脂肪等，具有敛肺定咳、燥湿止带、益肾固精等功效；中医认为，白果滋补肾脏的作用非常显著，肾虚、肾功能不佳者可食用此汤。

第三章

不同

职业的不同汤饮

每个人所需要的营养成分都不尽相同，职业不同是造成这种情况的原因之一，人们在利用汤饮补充营养时，应针对自身职业对症喝汤。例如：脑力工作者，应经常饮用一些健脑益智的汤水，倘若以补充体力的汤水替之，不但达不到预期效果，还可能使汤中的营养成分白白浪费。

第一节 脑力劳动者
NAOLILAODONGZHE

● 职业特征 ●

从事脑力劳动的人们，大脑时常都处于高度紧张状态，脑细胞不断更替。因此，耗氧量及对血液的需求量都在不断的上升。倘若大脑供养、供血不足，脑细胞就无法正常生成，从而不能产生新思维。

● 职业危害 ●

孙思邈强调：不宜多思、多念，因为多思则神殆，多念则志散，从另外一个角度讲，做事要讲求适可而止，避免过度用脑。现代社会虽然鼓动人们开动脑筋、勤于思考，但是，思考也要讲究一个度，在大脑承受范围内思考问题，叫做科学用脑，这不仅是搞好学习、工作和从事创造的需要，而且能锻炼神经系统，使大脑更加灵活，有益于心身健康；但是如果长时间无节制的给大脑增添负担，超越了大脑的承受能力，大脑也会罢工。

现代社会的许多疾病都是由用脑过度引起的：如呼吸不畅、尿频、尿急、遗精、阳痿、高血压、冠心病等，为人体健康埋下了一颗定时炸弹，一旦大脑无法继续承受，就会点燃"炸弹"，将健康毁于一旦。

● 科学养生须知 ●

这里提醒长期过度用脑的人们，一定要注意给大脑补充营养，闲暇之余，煲一锅具有补脑益智功效的汤水，不失为养生保健的最好选择。

● 推荐食材 ●

核桃肉、芝麻、桂圆、荔枝、松子、木耳、香菇、猪脑、猪心、蜂蜜、黄花菜、鱼头、黄豆、黄鳝、天麻、川芎等。

缓解脑部压力——"给大脑放个假"

要增加体育运动。脑力劳动者在工作过程中，身体的部分器官和组织都处于过度紧张状态，久而久之可能会引起大脑功能的失调，诱发多种疾病，建议脑力劳动者，工作之余勤加锻炼。

推荐汤品 >>

 **咸汤圆**

【材料】汤圆1包，茼蒿250克，肉末、香菇、红葱头、虾仁各适量

【调料】盐1大匙，鸡粉适量

【做法】1.香菇泡软去蒂切丁；红葱头拍扁去皮切碎；虾仁洗净泡软切碎；茼蒿洗净氽烫。

2.起油锅炒散肉末，放入做法1中的香菇、红葱头、虾仁爆炒至香，加入适量高汤煮滚，盛出备用。

3.适量水煮滚，放入汤圆煮至浮起，捞出放进做法2中，加入烫好的茼蒿，下调料调味即可。

养生专题 茼蒿中含有丰富的维生素、胡萝卜素和多种氨基酸，胡萝卜素的含量是黄瓜、茄子的15～30倍。茼蒿气味芳香，可以养心安神，稳定情绪，降压补脑，防止记忆力减退。丰富的膳食纤维有助于肠道蠕动，达到通便利肠的目的。

天麻鱼头煲

【材料】天麻30克，鱼头1个

【调料】盐适量

【做法】1.天麻用温水泡开，切成薄片；鱼头去鳞，洗净备用。

2.将鱼头放砂锅中，把天麻及浸泡之水一同倒入砂锅中，再加入适量的清水及适量的盐，大火煮沸后，改用小火慢炖2小时即可。

 养生专题 人的记忆力、肢体活动、耳目应用，一切都归结于脑。本汤品之所以适合脑力劳动者饮用，是因为天麻可祛头风，能有效缓解因用脑过度引起的头晕目眩、头痛等症。

什锦水果汤

【材料】猕猴桃1个，火龙果半个，西瓜300克，木瓜小半个，柠檬丝、樱桃各少许

【调料】奶酪少许，牛奶2杯，杏仁巧克力、白糖各适量

【做法】1.所有材料洗净，猕猴桃、火龙果、西瓜、木瓜分别去皮洗净，切成小方块。

2.将巧克力、牛奶、白糖、适量清水一同放入锅中加热搅匀，待汤品晾凉后，再撒上柠檬丝、樱桃、木瓜块、西瓜块、火龙果块、猕猴桃块上，即可食用。

养生专题 樱桃是市场上常见的水果之一，号称"百果第一枝"。樱桃中含铁量很高，常吃可增强体质、健脑益智；火龙果中富含的花青素，有抗氧化、抗自由基、抗衰老的作用，能加强对脑细胞病变的预防，抑制痴呆症的发生。脑力劳动者可多食用这两种水果。

参猪髓煲

【材料】人参15克，山药200克，猪脊髓1副，黄精30克，枸杞子15克

【调料】料酒、红糖各适量

【做法】1.人参洗净切丁；山药去皮洗净切丁；黄精剁成末；枸杞子洗净浸泡10分钟。

2.把人参、山药、黄精一同放入瓦罐内，加入适量的清水，煮1小时。

3.再将猪脊髓、枸杞子、红糖、料酒一并放入瓦罐内，中火煮10分钟即可食用。

养生专题 脑为髓之海，髓海有余则轻劲有力，肢体动作轻健有力，能克服较为繁重的工作任务；髓海空虚，会出现头晕耳鸣、两眼昏花、视物不清、肢体酸软等症状。由于髓通脑，常吃猪脊髓对健脑有很大帮助。而人参、黄精、枸杞子、山药等药材，可滋补五脏，对心脑保健也有一定的作用。本汤品，囊括了猪脊髓的营养精华和四种药材的补益功效，对健脑益智大有裨益。

私家砂锅鱼头汤

【材料】草鱼头1个，豆腐100克，粉丝1小把，虾仁50克，冬笋片、火腿片各20克，姜片、葱段、葱花各适量

【调料】高汤1大碗

A：盐适量，料酒2大匙

B：盐适量，胡椒粉2小匙，料酒2大匙

【做法】1.豆腐洗净切片；粉丝用温水泡发；虾仁挑净肠泥。

2.草鱼头剁开洗净加入姜片、葱段、调料A，放入油锅中炸至微黄，捞出，放入砂锅中。

3.加入高汤煮沸，撇去浮沫，放入姜片、葱段、豆腐、粉丝、火腿片、冬笋片、虾仁和调料B煮至成熟入味，撒上葱花即可。

养生专题

有关专家认为：鱼头中含有丰富的蛋白质、脂肪、钙、磷、铁、维生素B_1等营养元素，除此之外，鱼头中卵磷脂的含量也很高，经过机体代谢后卵磷脂能分解出胆碱，最终合成乙酰胆碱。众所周知，乙酰胆碱是神经元之间依靠化学物质传递信息的一种主要"神经递质"，具有增加记忆力、活化思维、提高分析能力的作用。营养学家认为，鱼头还含有大量的不饱和脂肪酸，对脑的发育极为重要。

鳝鱼黄花汤

养生专题

黄鳝中含有丰富的DHA和卵磷脂，是构成人体各个器官组织细胞膜的主要成分，也是脑细胞不可缺少的营养元素。调查试验表明，经常摄取卵磷脂，记忆力可提高20%左右，经常食用黄鳝肉，能达到补脑益智的目的。

【材料】黄鳝300克，干黄花菜25克

【调料】盐1小匙

【做法】1.黄鳝去内脏，洗净切段；黄花菜泡水浸发。

2.黄鳝入热油锅稍煸，投入黄花菜，加水以小火煮熟，用盐调味即成。

汤饮养生堂 1000例

苦瓜黄豆木耳汤

【材料】黄豆150克，苦瓜1根，瘦肉100克，干木耳3朵

【调料】盐少许

【做法】1.苦瓜洗净，去瓤、子，切大块；木耳泡软，切块；黄豆洗净，泡水5小时。

2.瘦肉入沸水先汆烫，去血水。

3.锅中加适量的水煮开，放黄豆大火煮开后，再煮至将熟，放入剩余材料转小火煲熟，加盐调味即可。

养生专题

黄豆的营养价值非常高，因此有"豆中之王"的美称，其中的蛋白质和豆固醇可降血脂、降胆固醇，从而降低心脑血管的发病概率。黄豆脂肪中的不饱和脂肪酸和大豆磷脂，对维持血管弹性、健脑益智、预防脂肪肝有很好的作用。黄豆的药用价值并不仅于此，它还具有抗癌功能。大豆中的植物雌激素，可辅助治疗女性更年期综合征。 多吃大豆，对皮肤干燥、头发干枯也有好处。

黄花健脑汤

【材料】猪小排500克，干黄花30克，姜2片

【调料】料酒1大匙，盐1小匙

【做法】1.排骨洗净余烫除血水后，冲净放入炖盅，淋料酒，加姜并加开水7碗，先蒸20分钟。

2.黄花菜泡软后，先除蒂头硬结，再每根打结，待排骨熟软时，放入同蒸。

3.10分钟后即可加盐调味，盛出食用。

养生专题

黄花菜具有较强的健脑和抗衰功能，有"健脑菜"之称，精神过度疲劳以及身心容易疲劳的上班族应该经常食用。

[重点提示]鲜黄花菜中含有秋水仙碱，会引起中毒，故宜食用干品；皮肤瘙痒症患者不要食用。

绿豆蜂蜜汤

【材料】绿豆100克

【调料】蜂蜜适量

【做法】1.绿豆淘洗干净。

2.洗净的绿豆放入锅内，加水以慢火煮至酥烂，调入蜂蜜搅拌均匀即可。

养生专题

蜂蜜可迅速补充体力，驱散疲劳，改善睡眠，缓解大脑压力，用脑过度或脑力劳动者，可通过食用蜂蜜缓解不适症状，提高工作效率。

第二节 体力劳动者
TILILAODONGZHE

● 职业特征 ●

虽然体力劳动可以使肌肉和关节的神经感受器发生运动,并传到中枢神经系统,有助于调节神经系统的功能;体力劳动还可以改善全身的血液循环,促进新陈代谢,为大脑提供充足的营养物质和氧分,协调脑力劳动的顺利进行。但是由于体力劳动的最大特点是以肌肉、骨骼的活动为主,体内物质代谢旺盛,需氧量大、耗能量大。所以必需注意及时补充能量,适当调整劳动强度。

● 职业危害 ●

有些年轻人自恃年富力强,对健康满不在乎。为了赚钱不惜超负荷地出卖体力,可用"工作狂"一词来形容他们,但是,每个人的身体承受能力都是有限的,一味的忘我工作,不但不能提高工作效率、赚到更多的钱,还可能适得其反,遭受疾病折磨。

现代医学研究表明,过度疲劳会导致众多疾病,如:肺部感染、高血压、糖尿病、骨质疏松、骨质增生、胆囊炎等,这些都直接威胁着人们的健康乃至生命。

● 科学养生须知 ●

体力劳动者是一个特殊而庞大的群体,因而有着特殊的营养需求。体力劳动者可根据自身的职业特点着重于补充能量及蛋白质,这对补充体力、维持身体机能正常运行有很大帮助。体力劳动者在选择滋补食物时,可以将汤品列为首选。

● 推荐食材 ●

母鸡、兔肉、当归、黄芪、牛肉、人参、狗肉等。

相 关 链 接

体力劳动者仍需注重体育锻炼

任何一种体力劳动,都是一部分肌肉活动多一些,而另一部分肌肉活动相对少一些,即肌肉活动具有一定的局限性。体力劳动者应该针对身体缺乏活动的某一部位重点锻炼,这样,不仅可以使全身肌肉得到匀称的锻炼,还有助于消除疲劳、增强体质,防止各种职业病的发生。如经常弯腰劳作的农民,呼吸系统得到锻炼的机会相对少一些,因此,可经常做些呼吸扩胸运动及伸展运动,以增强呼吸肌功能,增加肺活量。

牛肉蔬菜汤

汤饮养生堂1000例

养生专题

牛肉和牛骨中都含有丰富的钙，中医认为：牛肉有补中益气，强健筋骨的作用，对体力消耗较多的人具有很好的滋补功效。

【材料】牛肉500克，牛骨500克，西芹200克，洋葱、土豆、番茄各50克，葱段、姜片各适量

【调料】盐、料酒各适量

【做法】1.牛肉切大丁，焯水后捞出；洋葱去外膜并切除尾部；土豆去皮，西芹切大段，番茄去蒂，洗净备用。

2.锅中放水加入牛骨、葱段、姜片，以旺火煮开后，将剩余材料及料酒一起放入锅中，待煮滚后，改小火将牛肉煮至熟烂，加盐调味即可。

玉竹兔肉煲

【材料】黄芪、玉竹各30克，兔肉250克，枸杞子、桂圆各适量

【调料】盐适量，味精少许

【做法】1.兔肉放锅中，加3倍量的水，煮沸后捞出，洗净，切成小方块。

2.黄芪、玉竹去杂质，放入洁净的布袋中。

3.将兔肉及药包一并放入锅中，倒入清水适量，下桂圆、枸杞子、盐，大火煮沸后，改用小火煲，2小时后取出药包，用味精调味即可。

养生专题

兔肉富含高蛋白、低脂肪、低胆固醇，是健康的肉食之一；玉竹具有滋阴润燥、消烦止渴的作用，也可用来强心健身。将二者搭配煲汤，适合劳作过度、体力大量消耗者食用。

[重点提示]玉竹、兔肉的性偏凉，胃寒者在煲汤时，可加入适量的生姜、红辣椒或红糖。否则，本汤对胃寒者不但起不到补益作用，反而会产生负面影响。

辣味蛏子汤

【材料】蛏子300克，黄椒、青椒各半个，姜适量

【调料】盐、料酒、香油各适量

【做法】1.蛏子洗净；姜切丝备用；青椒、黄椒去子洗净，切片备用。

2.锅内加少许香油，放入青椒、黄椒块略炒，加适量清水煮沸。

3.放入蛏子、姜丝、盐、料酒，煮至蛏子壳张开。

4.改用小火再煮约2分钟即可。

养生专题

青椒含有抗氧化的维生素和微量元素，能增强体力，缓解因工作、生活压力造成的疲劳。青椒中的维生素C、维生素K，可以防治坏血病，对牙龈出血、贫血、血管脆弱有辅助食疗作用。

归芪鸽子汤

【材料】鸽子1只，当归（切片）10克，去核大枣10颗，黄芪3片，姜1小块，葱白1根，葱花适量

【调料】A：胡椒粉2小匙，料酒2大匙
B：盐适量

【做法】1.鸽子处理干净，斩成大块；当归、大枣、黄芪片洗净；姜拍破，葱白挽结。

2.锅内放清水，鸽肉炖开，撇去浮沫，放入当归、大枣、黄芪、姜、葱结，加入A料，用小火慢炖至熟。

3.去掉姜、葱，加入B料调匀，倒入碗中，撒上葱花即成。

养生专题

中医认为：黄芪性味温、甘。《医学起源》中记载，黄芪具有滋补虚劳、缓解盗汗的功效，还可以保护肝脏，调节内分泌，非常适合体力劳动者食用。鸽子肉的营养价值也非常高，中医将其视为滋补益气、祛风解毒、解疲强身的佳品。本汤将黄芪与鸽子肉搭配煲汤，具有很强的保健功效。

狗 肉汤

【材料】鲜狗肉1000克，鸡蛋1个，蒜末、葱末、香菜末各10克

【调料】酱油25克，辣椒面、熟芝麻各10克，盐5克，胡椒粉2克，味精1克

【做法】1.狗肉洗净切大块，置于冷水中浸泡，再将泡好的狗肉块放入开水中煮，开锅后，撇去浮油，改小火慢炖（浮油留下备用）。

2.油锅烧热，将撇出的浮油倒入油锅，放入辣椒面，炒出香味后，盛入碗中制成辣椒油备用。

3.取出熟狗肉，切成细丝，放入大碗中，加入芝麻、葱末、胡椒粉、酱油，腌制半小时后，取出放进汤碗中，加上香菜末、盐、2克辣椒油、蒜末，鸡蛋液打入锅内，推成蛋花，再将汤浇在狗肉上即可。

养生专题

狗肉中的蛋白质非常丰富，其中球蛋白的含量很高，可增强机体的抗病能力，增强细胞的活力，对强化器官功能有很好的作用。常食狗肉，还可强筋健骨，体力劳动者，不妨以此作为补充体力的营养食品。

红 参鸡煲

【材料】红参10克，净老母鸡1只（约1000克），生姜、葱各适量

【调料】料酒、盐各少许

【做法】1.红参用温水浸软后，取出切片，浸红参的水保留备用。

2.将净老母鸡放入沸水锅中，余烫去血水，捞出沥干切块。

3.将鸡与红参同放瓦罐中，生姜切片，葱打结，一并放入，且加入料酒、盐以及浸红参的水，再加入适量的水，大火烧开后改用小火炖2小时，即可出锅食用。

养生专题

红参是日常生活中常见的补药之一，老母鸡则是常见的滋补食材，二者均有益气补虚的作用。劳作过度，会耗损大量的体力，造成气衰力弱，出现筋弱无力、肢体困倦、腰膝酸软、肌肉酸痛等症状，本汤品对以上症状有改善作用。

第三节 久坐工作者
JIUZUOGONGZUOZHE

● 职业特征 ●

随着知识经济的到来，坐着工作的人越来越多。虽然坐着工作比较舒服，但却危害到了健康。特别是繁忙的工作及生活琐事使久坐工作者们，无暇加大运动量，这对健康更不利。

● 职业危害 ●

由久坐引发的疾病多种多样，如：全身肌肉酸痛、脖子僵硬、头痛头晕，严重时会造成腰椎病和颈椎病；久坐还容易使血容量减少，严重时会导致心脏功能减退，使动脉硬化、冠心病、高血压等病症提前发生；久坐还容易造成胸腔供血不足，使心、肺功能衰竭，诱发心脏病和肺系统疾病；久坐不易于消化，肠道蠕动较慢，从而易引起食欲不振、腹胀、便秘、消化不良等症。有些人认为这是危言耸听，但事实却是如此，所以，提醒久坐的人们千万不要掉以轻心，否则，会降低生活质量。

● 科学养生须知 ●

要想避免久坐带来的危害，在加强体育运动的同时，还要注重饮食。长期坐着工作的人们，忙碌一天后，煲一锅营养丰富的汤品，不但能缓解工作带来的疲劳，还能提高身体的抗病能力。

● 推荐食材 ●

红薯、苹果、玉米、韭菜、芹菜、茄子、百合、黄豆、木耳等。

相关链接

自助按摩治便秘

◆用手掌根按顺时针方向按摩腹部，早晚各5～10分钟。

◆以手指指腹或指节向下按压支沟穴（位于手背腕横纹正中以上四指宽处），治疗腹胀、便秘，对于肩臂酸痛、小便困难也有疗效；以鱼际（即拇指根部隆起处）推揉或用手指按压阴陵泉穴（位于小腿内侧、膝下胫骨内侧凹陷处），对便秘有良效。

◆每日大便前，用大拇指压迫内庭穴（第2、3脚趾缝端），每次压两三分钟。

柱冬瓜玉米汤

【材料】江瑶柱30克，冬瓜200克，玉米粒60克

【调料】盐适量

【做法】1.瑶柱洗净，浸软撕碎；冬瓜去皮，洗净，切丁；玉米粒洗净。

2.将瑶柱放入清水锅中，大火煮沸后，改小火慢煲，20分钟后，放入冬瓜丁，再次煮沸后放入玉米粒煮熟后，用盐调味即可。

养生专题

久坐工作者患便秘的概率比较大，玉米营养丰富，其中的膳食纤维可吸收人体内的胆固醇，促进胃肠蠕动，强化人体肠胃的消化功能，对预防便秘有很好效果。不仅如此，玉米还能利尿、利胆、止血、降压，长期坐着工作的人可经常食用。

茶韭菜煮鸭血

【材料】鸭血500克，酸菜2片，韭菜1小把，红椒丝少许

【调料】高汤6碗，盐适量，沙茶酱2大匙

【做法】1.鸭血切除有泡沫部分，切片，用开水汆烫后捞出；酸菜切丝；韭菜切段。

2.酸菜丝放入高汤内先煮，再放入鸭血煮熟后，加盐调味。

3.放入韭菜即熄火，加沙茶酱调味，撒上些许红椒丝即成。

养生专题

韭菜中含有大量的膳食纤维，具有促进胃肠蠕动的作用，常食韭菜可有效预防便秘、肠癌。同时，韭菜还有"洗肠草"之称，能将肠道中的毛发等不易消化物质包裹起来，使其随大便排出体外。长时间坐着工作的人，多食用韭菜，可预防便秘。

红薯南瓜汤

【材料】红薯200克，南瓜150克，姜2块

【调料】冰糖50克

【做法】1.红薯去皮切块，放入清水中浸30分钟；南瓜洗净外皮，去子切块。

2.把姜块、红薯放入煲内，倒入清水5杯，煮滚后再煲10分钟，然后加入南瓜煲10分钟，下冰糖至化开即可。

养生专题 红薯中蛋白质含量较高，经常食用可强健身体延年益寿。红薯中所含的膳食纤维能促进肠胃蠕动，可防止便秘，能有效地降低直肠癌和结肠癌的发病率。

木耳瘦肉汤

【材料】猪瘦肉300克，木耳30克，红枣20颗

【调料】酱油、料酒、淀粉、盐、味精各适量

【做法】1.木耳用温水泡开，去蒂，洗净；红枣去核洗净切片，用调料腌10分钟，备用。

2.将木耳、红枣一同放入锅中，注入清水适量，小火煲煮，20分钟后放入瘦肉，继续煲至瘦肉熟透为止，然后用盐、味精调味即可。

养生专题 木耳中含有一种胶质，能帮助消化纤维类物质，分解肠道中的杂物，从而起到清理肠胃、帮助消化的作用，常食木耳还可增强机体免疫力。

[重点提示] 由于木耳具有活血抗凝的作用，因此有出血性疾病的人不宜食用；孕妇及虚寒溏泻者也不宜食用。

合绿豆红薯汤

【材料】绿豆 100 克，百合 50 克，红薯 1 个

【调料】白糖适量

【做法】1.百合、绿豆分别洗净；红薯去皮，洗净后切块。

2.所有材料（百合除外）放炖锅中，先用大火煮开后，改中小火煲 30 分钟，加百合续煮 15 分钟，加白糖调味，盛出食用。

常食绿豆可补充营养、增强体力；百合则是日常生活中常见的药材之一，可润肺止咳、宁心安神；加之红薯的润肠功效，此汤可令长期坐着工作的人，摆脱后顾之忧，专心工作。

 肉芹菜鸡蛋汤

【材料】牛肉 300 克，芹菜 100 克，鸡蛋 1 个，番茄 50 克

【调料】料酒、盐、味精、胡椒粉、清汤各适量

【做法】1.牛肉洗净，剁碎；芹菜择洗干净后，切成小丁；番茄洗净，切成小丁；鸡蛋在碗中打散。

2.锅内放入适量清汤，把处理好的牛肉放入锅内，大火煮沸后，撇去浮沫，改成小火， 40 分钟后加入芹菜丁、番茄丁、料酒，继续小火慢炖 30 分钟。

3.将鸡蛋液淋入汤内，用盐、胡椒粉、味精调味后便可出锅食用。

芹菜按其生长的地域不同可分为本芹和西芹，现代医学研究表明，无论是本芹还是西芹，都具有很高的药用价值，二者都具有相同的营养成分和食疗功效。芹菜中含有丰富的营养物质，特别富含膳食纤维，它可刺激胃肠蠕动，减短粪便在人体内停留的时间，从而达到健胃益肠的目的。时常饮用本汤品对长期坐着工作的人非常有益。

带黄豆煲鱼头

【材料】海带50克，鱼头1个，泡黄豆适量，枸杞子少许，葱1根，生姜1块

【调料】高汤、盐各适量，胡椒粉、料酒各少许

【做法】1.海带洗净；鱼头去鳃；葱洗净，切花；生姜去皮切片。

2.锅中下油烧热，放入鱼头，用中火煎至稍黄，铲起待用。

3.把鱼头、海带、泡黄豆、枸杞子、生姜、葱花放入砂锅内，注入高汤、料酒、胡椒粉，加盖，小火煲50分钟后，去掉葱，调入盐，再煲10分钟即可。

黄豆中含有丰富的不饱和脂肪酸和大豆磷脂，有保持血管弹性的作用，可有效预防动脉硬化、冠心病，为长期坐着工作的人减轻忧虑。

[重点提示]黄豆营养虽然丰富，但由于它在消化吸收的过程中会产生过多的气体，造成肚胀，因此，消化功能不强、有慢性消化道疾病的人应该尽量少吃。

 ## 米煲老鸭

【材料】玉米2根，老鸭1只，猪脊骨200克，猪瘦肉100克，姜1块，葱1根

【调料】鸡粉1小匙，盐适量

【做法】1.玉米斩段；脊骨斩块；猪瘦肉切块；姜去皮；老鸭剖好斩块；葱切段。

2.砂锅烧水，待水沸时，将老鸭、脊骨、猪瘦肉氽烫，捞出，洗净血水。

3.在砂锅中加入老鸭、猪瘦肉、脊骨、玉米、姜，再加入清水，煲2小时后调入盐、鸡粉，加少许葱段即可食用。

鸭肉营养丰富，性凉，味甘。鸭肉中的脂肪含量适中，并且分布均匀，脂肪酸主要是不饱和脂肪酸和低碳饱和脂肪酸，易于消化。长期坐着工作的人，可多吃些鸭肉，这样不会增加胃的负担，也不必担心发胖，非常适合久坐不动的工作者食用。

第四节 久站工作者

JIUZHANGONGZUOZHE

职业特征

教师、售货员、发型师、餐饮从事者、运输业的服务人员等，都属于久站工作者，工作期间需要长时间站立。工作的活动度大、活动范围较灵活、可在较大的工作区域活动，是站立工作的最大特点。根据工作性质不同，有些站立工作者一站便是 8 小时，这对身体的伤害程度不比久坐给人们造成的伤害低。

职业危害

站立时间过长也不是一件好事，久站或久坐都会诱发痔疮。长时间保持不动，会令下肢血液循环不佳，导致下肢肿胀，甚至可能诱发静脉曲张。站立姿势不当，还会使腰椎因过度弯曲而产生后背疼痛。长期站立对脚的影响也很大，由于脚承受着身体的全部压力，若鞋子不合适，容易引起脚痛。不但如此，久站还容易诱发血管疾病，而影响身体健康，为生活带来众多不便。

科学养生须知

当前，养生保健性话题被炒得越来越火，如何养生保健，首先要改善不良习惯，如：久站、久坐，以免造成不必要的麻烦。或许有些人因工作需要不得不久站，这也没有关系，既然改变不了主观条件，就从客观因素入手，每天为自己煲一款营养丰富、具有治病功效的汤水，不但可以改善健康状况，还能提高自身的抗病能力。

推荐食材

香蕉、燕麦、橘子、冬菇、无花果、茄子、胡萝卜、荞麦、丝瓜等。

相 关 链 接

重点推荐 5 种治疗痔疮妙法

◆把一块湿毛巾放在塑料袋里，放入冰箱冷冻，然后从塑料袋里取出，敷在肛门附近，持续 10 分钟。

◆选用柔软湿润的卫生纸。

◆避免便秘，多喝水，多吃含高纤维的食物。也可服一些纤维补充品使粪便软化，排便有规律。

◆在浴缸里用热水浸泡 10～15 分钟，一天 3 次。坐在浴缸里时，将双膝抱在胸前使水能泡到肛门。

◆如果是外痔，可用消毒棉球蘸上杀菌药粉或玉米淀粉轻轻涂在外痔上，一天两三次，并保持患部干燥。

推荐汤品 >>

豆腐不仅是味美的食品，还具有养生保健的作用。古人认为豆腐的营养价值可与羊肉相提并论。豆腐含有丰富的蛋白质和碳水化合物，有消炎、化痰止咳、解酒毒等功效。豆腐有抗氧化的功效，其中所含的植物雌激素能保护血管内皮细胞，使其不被氧化破坏，能有效抑制血管硬化。适合长期站着工作的人食用。

丝瓜豆腐鱼头汤

【材料】鲜鱼头1个，丝瓜300克，豆腐100克，姜丝适量

【调料】盐、味精、胡椒粉各适量

【做法】1.丝瓜去皮洗净，切段；鱼头洗净，对剖切开；豆腐用清水略洗，切片。

2.锅内放少许油，放入姜丝爆锅，再放入鱼头略煎一下，加水，用旺火煲20分钟。

3.再放入切好的豆腐块和丝瓜块，用小火煲15～20分钟。

4.加入盐、味精、胡椒粉调味即可。

芥菜牛肉鲜姜汤

【材料】牛肉250克，芥菜500克，生姜30克

【调料】盐、胡椒粉各适量

【做法】1.生姜去皮，拍扁；牛肉洗净，切片；芥菜洗净，待用。

2.将锅置于火上，加入清水适量，大火烧后，把适量的植物油与牛肉片、芥菜、生姜、盐一同等放入锅内，大火煮沸，五分钟后即可用胡椒粉调味食用。

芥菜中含有大量的蛋白质、膳食纤维、胡萝卜素、维生素C、人体必需的多种氨基酸，以及钙、铁、钾、锰等多种矿物质，其营养功效，在蔬菜中名列前茅。由于芥菜中富含膳食纤维，因此能促进胃肠蠕动，防止便秘。又因生姜中含有姜油酮、姜酚和姜油醇等营养成分，所以生姜散发出香辣味，这对加速血液循环、促进消化非常有益。

胡 萝卜黄豆汤

【材料】黄豆半杯，胡萝卜1根，土豆1个，海带结100克

【调料】香油、盐各适量

【做法】1.胡萝卜、土豆洗净去皮切滚刀块；黄豆泡水约3小时后洗净，沥干。

2.黄豆煮熟，再加胡萝卜、土豆和海带结同煮，约15分钟后加盐和香油调匀即可。

养生专题 胡萝卜中含有琥珀酸钾，能有效防止血管硬化，降低胆固醇含量，有效抑制心脑血管疾病。胡萝卜中的维生素A，能促进机体正常生长与繁殖、维持上皮组织、预防呼吸道感染，同时，对眼部疾病，也有很好的治疗功效。女性常吃胡萝卜可以降低卵巢癌的发病率。

丝 瓜葱白肉片汤

【材料】丝瓜2条，里脊肉300克，草菇10朵，老姜1块，葱白2根

【调料】盐适量

【做法】1.草菇洗净，去蒂，对半剖开；葱白洗净，切段。

2.丝瓜去皮，洗净切块；老姜去皮，切片；里脊肉切薄片备用。

3.锅中加入清水和姜片，大火煮开，再加入所有材料，改用中火继续煮至材料熟透，加盐调味即可盛起。

养生专题 久站工作者容易患静脉曲张，为了预防疾病，最好多吃些温性食物，这对加快血液循环、促进下肢血液的回流、防止下肢静脉曲张及皮肤色素沉着有较好作用，大葱属于温热性食物，久站工作者可常喝此汤，对预防静脉曲张有很好作用。

白果菠菜汤

【材料】白果20克，菠菜200克，胡萝卜1根，板栗50克，姜片少许

【调料】盐1小匙，鸡粉少许，鸡汤适量

【做法】1.菠菜择洗干净，氽烫，切段；胡萝卜洗净切花片。

2.将鸡汤倒入锅内，大火煮沸后放入白果、板栗、姜片、胡萝卜、盐，继续大火快煮，5分钟后放入菠菜、鸡粉，续煮入味即可。

养生专题

菠菜味甘，性凉，无毒，具有利五脏、活血脉、通肠胃、开胸膈、调中气、止饮渴、解酒毒和润肺的功能。此汤适合长期站立工作的人饮用。

[重点提示]白果生吃对身体不利，最好熟食。

黄豆芽沙丁鱼汤

【材料】黄豆芽50克，沙丁鱼罐头500克，姜丝10克

【调料】甜料酒2大匙，盐、高汤各适量，鸡粉半小匙，酱油少许

【做法】1.将黄豆芽洗净，放入沸水中氽烫。

2.锅中加适量高汤、甜料酒、鸡粉、酱油、盐，搅匀煮开，将沙丁鱼罐头连汤倒入锅中，加入黄豆芽、姜丝，焖煮15分钟即可食用。

养生专题

沙丁鱼中富含维生素D、维生素B6、不饱和脂肪酸DHA和EPA。其中，EPA能有效预防心脑血管疾病，降低动脉硬化、高血压、心肌梗死的发病率，能有效地降低血黏度。由于沙丁鱼的作用，此汤具有补脑、益五脏，降低胆固醇，降低血液黏稠度，预防心肌梗死，防止静脉曲张的作用，对长期站立工作的人非常有益。

菜心虎掌菌汤

【材料】黑虎掌菌、菜心各150克，板栗50克，洋葱丝少许

【调料】盐1小匙，蔬菜高汤2杯，胡椒粉少许，水淀粉适量

【做法】1.黑虎掌菌洗净切丝；菜心洗净切丁；板栗煮熟去壳。

2.净锅置火上，放入橄榄油烧热，下洋葱丝，翻炒片刻，再下入蔬菜高汤、黑虎掌菌丝、板栗、菜心、盐、胡椒粉，小火煮至入味后，用水淀粉勾芡即可。

养生专题 黑虎掌菌肉质细嫩，含有丰富的胞外多糖，含有17种氨基酸，其中有7种氨基酸是人体必需的，其中的微量元素和矿物质含量也比较多。中医认为：该菌性平味甘，有追风散寒、舒筋活血之功效。常吃可壮阳、降低血液黏稠度、降胆固醇。

荞麦面疙瘩汤

【材料】荞麦面200克，胡萝卜、牛蒡、葱段、南瓜各适量

【调料】料酒、酱油各适量

【做法】1.锅加水，再加胡萝卜、牛蒡、葱段、南瓜一起煮，将煮熟时，加料酒、酱油调味。

2.荞麦粉加水调成糊，用匙拨入汤中，煮开即可。

养生专题 荞麦中含有的蛋白质中含有丰富的赖氨酸成分，荞麦中铁、锰、锌等微量元素的含量也比一般谷物高，还含有丰富的维生素E和可溶性膳食纤维，烟酸和维生素P的含量也很高。因此，常吃荞麦，可促进机体的新陈代谢，扩张小血管，降低血液中胆固醇含量，具有软化血管、抑制凝血块的形成，对长期站立工作的人有很有益处。

汤饮养生堂1000例

第五节 高温工作者

GAOWENGONGZUOZHE

● 职业特征 ●

人体是通过传导、对流、辐射和水分蒸发来调节体温的，在高温情况下，人体的散热能力相对降低，使身体的调温功能受限，很可能使热量在体内聚集引起中暑，使体内的水分、无机盐、维生素等对人体有益的物质大量流失。在高温环境下工作的人们，每天都要面临高温的考验，这是由工作性质决定的，也是该职业的一大特性。在此情况下，高温工作者们必需注意补充营养物质，提高自身抵抗力。

● 科学养生须知 ●

长期在高温下工作的人，要注意补充人体所需的维生素、矿物质等营养成分，这对维持健康至关重要。最简便的方法是食疗，工作一天后，吃些营养丰富的食品，喝碗味道鲜美的汤品，都是为身体充电的好方法。

● 职业危害 ●

高温容易使人感到疲劳、烦躁、出现动辄发怒的情形，人在这种情况下，容易丧失理智，做出许多不合情理的事，这也是导致犯罪率上升的原因之一。高温还是脑血管病、心脏病和呼吸道疾病的导火索。同时，高温作业人员热量消耗大，出汗多，机体内的钾、钠、钙等无机盐以及水溶性维生素也随着汗水流失了。如果不及时补充，将引起水盐代谢紊乱，诱发食欲不振、浑身乏力、头昏目眩等症状。高温工作者应注意自我保健。

● 推荐食材 ●

莲藕、肉苁蓉、羊肉、芦笋、鱿鱼、白果等。

 相 关 链 接

高温作业者补水及补无机盐的原则

高温工作者要参照其劳动强度及具体生活环境选择补水量，中等劳动强度、中等气温条件时日补水量3～5升；强劳动及气温或辐射特别高时，日补水量5升以上。高温作业人群，除通过日常饮食补充食盐外，还可通过喝含盐饮料补盐。以含盐饮料补充食盐时，其中氯化钠的浓度以0.1%为宜。在气温及辐射特别高的环境下工作的人群，可补充含钠、钾、镁等多种营养成分的混合盐片。

汤饮养生堂1000例

推荐汤品 >>

养生专题

胡萝卜含有许多人体必须的营养成分，如胡萝卜素、维生素A、维生素C、B族维生素等，常在高温环境下工作的人，体内的营养素容易随汗液排出体外，因此，可常喝此汤补充营养。

 枣胡萝卜汤

【材料】红枣12颗，胡萝卜150克，桂圆干、葡萄干各少许，魔芋丸10个，姜1小片

【调料】盐适量

【做法】1.胡萝卜去皮，切滚刀块；红枣洗净，去核备用。

2.锅中倒入600毫升水煮开，放入所有材料煮至材料熟软，用盐调味即可。

 豆莲藕汤

【材料】鲜藕200克，绿豆50克，姜1块

【调料】高汤、盐各适量，胡椒粉、鸡粉各少许

【做法】1.将绿豆洗净，用清水泡2小时；鲜藕去皮，去节，洗净，切片；姜切片。

2.净锅置火上，下藕片煮5分钟，用凉水冲净。

3.锅内加高汤，烧开后下藕片、绿豆、生姜同炖，至绿豆酥烂时，加胡椒粉、盐、鸡粉调味，装碗即可。

养生专题

绿豆性味甘凉，有清热解毒的功效，在高温环境下工作的人，出汗较多，水液损失较为严重，体内的电解质平衡容易被破坏，以绿豆为主要材料煲汤，能维持人体电解质的平衡，发挥其清热止渴的作用，同时还能为人体及时补充矿物质。

丝莼菜汤

【材料】莼菜1罐，肉丝、胡萝卜、罗汉笋、香菇各25克，葱花、葱油各少许

【调料】盐1小匙，味精半小匙，清汤1碗

【做法】1.香菇、胡萝卜、罗汉笋分别洗净，切丝，待用。

2.将上步中所有材料一同放入沸水氽烫。

3.清汤倒入锅中，加入处理好的材料，待汤沸后，投入莼菜煮熟，加盐、味精，淋上葱油，撒上葱花即成。

养生专题

常在高温下工作，人体的营养成分容易随汗液排出，莼菜中含有大量的锌、维生素 B_{12}，可为人体提供营养元素，莼菜中还含有一种酸性杂多糖，它不仅能增加免疫器官——脾脏的重量，还能促进吞噬细胞吞噬体内异物。莼菜还能有效地抑制肿瘤的发病概率。此汤中含有多种维生素和钙、铁等成分，也适合常温工作者饮用。

 藕沙参煲

【材料】莲藕100克，鲜沙参50克，猪肋排250克

【调料】料酒、鸡清汤、盐、味精各适量

【做法】1.将猪排骨用温水洗净，切成小块，备用。

2.莲藕、鲜沙参分别洗净，切小块。

3.将猪排骨、莲藕、鲜沙参一同放入瓦罐中，注入适量的鸡清汤、料酒，小火煲2小时，用盐、味精调味即可。

养生专题

莲藕味甘，性寒，有清热生津、凉血止血的食疗效果，暑热难耐、热病烦燥的人，食之有益。沙参是滋养的佳品，许多地方将其作为人参食用。本汤品将沙参与莲藕搭配烹饪，非常适宜在高温环境下工作的人们食用。

[重点提示] 由于莲藕性偏凉，产妇最好不吃。

白 果芋头鲜豆汤

【材料】白果20克,芋头300克,鲜鱼肚200克,四季豆50克

【调料】盐适量,鸡粉、鲍鱼汁各半小匙,鸡汤8杯

【做法】1.芋头用清水洗净,去皮、切块;鲜鱼肚洗净切块,过沸水氽烫,捞出沥干;四季豆洗净切段。

2.鸡汤倒入锅中,将所有材料和调料一同放入锅中,煮至入味即可。

养生专题 常在高温环境下工作的人,体内氨基酸、矿物质的含量会随汗液的排泄而减少,四季豆中含有丰富的蛋白质和氨基酸,经常食用可避免体内氨基酸大量流失,而芋头中矿物质的含量很丰富,将四季豆和氨基酸结合煮汤,即可补充氨基酸又能补充矿物质,可谓一举两得。

鲤 鱼苦瓜汤

【材料】净鲤鱼1条,苦瓜200克,柠檬少半个,姜汁1大匙

【调料】盐适量,料酒1大匙,味精半小匙,白糖少许,高汤8杯

【做法】1.鲤鱼去头、尾、骨,洗净。

2.苦瓜纵切两半,去子、内膜,洗净,切片,柠檬洗净,切片。

3.将高汤倒入汤锅中,放入所有材料、调料,大火煮开后,转至小火慢煮,10分钟后即可食用。

养生专题 鲤鱼中含有多种维生素和无机盐,其维生素A和锌元素含量较多。中医认为:鲤鱼性平味甘,具有滋补健胃,利水消肿,清热解毒,止咳下气的功效;苦瓜具有增加食欲的作用,将这两种材料搭配起来,能起到开胃健脾,清热降火,清心明目的作用。

第六节 低温工作者

DIWENGONGZUOZHE

● 职业特征 ●

通常情况下，低温环境是指10℃以下的工作、生活环境，如寒带、海拔较高地区的冬季及冷库作业等，低温环境下机体的生理及代谢功能会发生改变。受寒冷的刺激甲状腺素分泌增加，因此，机体需要消耗更多的能量来供应热能，以维持正常体温；笨重的服装也会增加身体的负担，使身体耗能量增多。

低温环境对营养的摄取有其特殊要求，如果不及时补充身体所需，必然会引发多种疾病，给人们的工作和生活带来不便。

● 职业危害 ●

人的正常体温在36.5℃左右，一旦周围环境的温度超过人体正常承受范围时，就会出现种种不适。

长期在低温环境工作的人，皮肤比较干燥，甚至会出现皮肤皲裂的现象，低温工作者患关节疾病的概率也比正常人要高。

● 科学养生须知 ●

经常在低温环境下工作的人，必须注意保暖，加强体育运动，促进血液循环的速度，这对改善关节疾病有很大帮助。另外，还可以食用一些具有御寒功效的食品，补充身体所需的养分。

● 推荐食材 ●

葱、姜、蒜、香菜、洋葱、芹菜、辣椒、胡椒、茴香、韭菜、羊肉、山药、枸杞子、豆豉、狗肉等。

相关链接

三个重点保暖部位

◆头：低温工作者只注意身上穿得暖和而忽略了头部保暖是不行的，较低的气温会影响大脑的运作，不注意保暖会损害大脑机能。

◆背：中医认为背为肾脉所居，感冒受风寒多从背部开始。所以保持背部温暖，是预防疾病的主要措施之一。因此，低温工作者最好增添一件棉背心。

◆脚：医学专家认为，脚距心脏远，血液供应少，御寒能力差，较易受到寒冷侵袭。如果脚着凉，全身健康均可能受影响。因此，低温工作者应穿厚袜子配棉鞋，以暖足固肾。

推荐汤品 >>

山 药枸杞羊肉汤

【材料】羊肉300克，山药200克，陈皮1小块，枸杞子1小匙，姜1块，葱1根

【调料】料酒1大匙，胡椒粉1小匙，鸡粉、盐各1小匙

【做法】1.羊肉洗净，切小块；山药去皮，洗净，切滚刀块，入笼蒸至熟；姜拍破，葱挽结。

2.羊肉、陈皮入锅，加清水旺火煮开。

3.撇净泡沫，放入姜、葱、料酒、胡椒粉煮沸，入高压锅加盖压15分钟，放气揭盖，拣去姜、葱，加入枸杞子、山药、鸡粉、盐煮开装碗即可。

养生专题 羊肉是人们经常食用的一种食材，脂肪、胆固醇的含量，比猪肉、牛肉低，自古以来，羊肉就被当成冬季的进补佳品。寒冬常吃羊肉可益气补血，促进血液循环，提高人体的御寒能力。因此，长期在低温环境下工作的人，不妨多吃些羊肉，对强身固本有很大帮助。

养生专题 胡椒性温热，善于温中散寒，其主要成分胡椒碱是其辣味的主要来源，常吃可增进食欲，疏散体内寒气，非常适合常在低温环境中工作的人食用。

香 辣鱼片汤

【材料】鱼肉160克，姜丝、葱各20克

【调料】盐、胡椒粉、香油各适量，高汤5碗

【做法】1.鱼肉洗净，切薄片；葱洗净，切丝。

2.锅中倒入高汤煮滚，放入鱼肉、姜丝及剩余调料煮至鱼肉熟烂，撒上葱丝即可。

豆 豉豆腐汤

【材料】豆腐1块，葱白5根，生姜数片

【调料】盐适量，辣味豆豉半大匙

【做法】1.生姜、葱分别用清水洗净。

2.葱白切段；生姜切片。

3.起锅热油，放入豆腐煎至表面微黄，移入汤锅，加入辣味豆豉、生姜片和适量清水，用中火煲30分钟，再加入葱白，待汤煮滚，加盐调味，趁热饮用。

 养生专题 姜、豆豉都属于辣味食材，能加快血液循环，具有发汗解表、祛散寒邪、温中止呕的作用，本汤将姜与豆豉结合煲汤，有助于祛散体内寒气，对低温工作者而言，具有较强的保暖、强身作用。

苁 蓉羊肉汤

【材料】羊腿肉500克，红参10克，枸杞子20克，肉苁蓉15克，生姜、葱各适量

【调料】清汤、料酒、盐、味精各适量

【做法】1.将羊肉放入开水锅中煮透，再用冷水洗净，切成方块。

2.把红参、肉苁蓉放入清水中浸泡1小时，红参切片。

3.炒锅烧热，将羊肉、生姜片放入锅中一起煸炒，放料酒炝锅，炒透后，将羊肉、生姜片一起倒入大瓦罐内，投入红参、肉苁蓉、枸杞子与适量的清汤、盐、葱，大火烧开后改小火慢煲，2小时后用味精调味，拣出葱、姜，即可食用。

养生专题 寒冷的环境容易损伤人体阳气，阻碍气机运行。本汤将具有温阳益精功效的枸杞子、羊肉配合烹制，可发挥出温阳补虚的作用，对祛寒保暖有很好的作用，加之红参的滋养保健功效，更适合长期在低温环境下工作及生活在寒冷地带的人食用。

菇肉丝汤

【材料】金针菇100克，牛肉80克，葱末适量

【调料】淀粉、盐、胡椒粉、香油各适量

【做法】1.将金针菇择洗干净，切成两段；牛肉用清水洗净后，放入沸水锅中汆烫，去血水，沥干后切丝，备用。

2.锅置火上，放入适量清水，烧开后投入金针菇，然后将牛肉丝用淀粉裹好放入锅中，再放入盐搅匀，1～2分钟后放入葱末、胡椒粉，淋上香油即可。

养生专题　牛肉深受中国人喜爱，被称之为"肉中骄子"，不但味道鲜美，还具有很高的营养价值。寒冬吃牛肉，可补阳暖胃，补中益气，是寒冬很好的补品。

芪鸡汤

【材料】净公鸡1只，高良姜10克，黄芪50克，陈皮10克，生姜适量

【调料】料酒、胡椒粉、盐各适量

【做法】1.净公鸡放沸水锅中煮3分钟。

2.高良姜、黄芪、陈皮用洁净纱布包好，在清水中浸泡1小时。

3.将药包放在鸡腹内，然后把鸡放进瓦罐，放入料酒、生姜，以及足量的清水，小火煲1小时后取出药袋，用胡椒粉、盐调味后便可食用。

养生专题　黄芪可提高人体免疫力，提高防御功能；公鸡具有温补的作用；高良姜、陈皮、生姜、胡椒粉都有暖胃的作用，因此，本汤品对暖身祛寒，滋补身体，保健强身有很大的帮助。

[重点提示]上述几种材料中，除鸡以外，均属热性材料，常吃比较容易上火。

第七节 **经常熬夜者**

JINGCHANGAOYEZHE

● 职业特征 ●

"日出而作，日落而息。"是人类适应的生活环境。通常情况下，人体肾上腺皮质激素和生长激素是在夜间睡眠时分泌的。前者在黎明前分泌，可促进人体糖类代谢、保障肌肉生长发育；后者在入睡后产生，可促进发育、延缓衰老。由于工作性质所限，长期夜间工作者，肾上腺皮质激素和生长素都无法正常分泌，会影响健康。

● 职业危害 ●

熬夜是一种不良的生活习惯，但是，由于工作需要人们又不得不以健康为代价换取酬金，长期处于睡眠不足的状态下，久而久之，会对健康造成不了影响。据科学家调查，长期睡眠不足，会使大脑和相应器官得不到充分调整，造成判断力下降、思维迟钝、协调能力下降等，睡眠严重缺乏者，会诱发心理疾病，更严重时，还可能使人出现双重人格，甚至诱发精神病。

经常熬夜不但对精神有影响，还危及到生理健康，造成食欲减退、消化不良、免疫力下降，引发或加重失眠症、神经官能症、溃疡病以及心脑血管疾病。所以，提醒夜生活爱好者或夜间工作者，经常熬夜已不单单是工作问题，已经上升到健康问题了，必须适可而止，否则会造成严重后果。

● 科学养生须知 ●

食疗不仅可以治病还可以防病，经常熬夜且尚未被病魔所困的人们，应该提高保健意识，经常饮用一些具有滋补功效的汤品，达到有病治病，没病强身的目的。

● 推荐食材 ●

人参、麦门冬、乌龟、银耳、桂圆、老鸡等。

相 关 链 接

服安眠药催眠对健康的影响

◆有些经常熬夜者为了确保第二天的工作效率，采取服用安眠药尽快入眠的方式，这种做法欠科学性。

◆安眠药能对大脑皮层和中枢神经起到抑制作用，少量服用可引起睡意，过量或长期服用则可导致中毒或产生依赖性，是不科学的补眠方法。有关专家建议经常熬夜的人们，应调整睡眠时间，采取正当的入眠法。

推荐汤品 >>

参 麦乌龟煲

【材料】生晒参、麦门冬各30克，石斛20克，枸杞子15克，龟肉200克，火腿肉25克，葱适量

【调料】料酒、盐、味精各适量

【做法】1.生晒参、麦门冬、石斛放入清水中浸泡1小时后，放入锅中，小火煎煮2小时，取浓汁备用。

2.枸杞子洗净后放入水中浸泡10分钟。

3.将龟肉、火腿肉放入瓦罐中，把准备好的药汁与料酒、盐、葱一同放入锅中，小火炖煮，1小时后放入枸杞子，去葱，中火煮10分钟，然后用味精调味即可。

养生专题 经常熬夜会打乱人体的生物钟，神经、体液调节功能受到干扰，精力也会随之损耗。经常熬夜会令人备感乏力、抗病能力下降，引起内分泌失调。中医认为：麦门冬具有清心润肺，养阴补精，生脉壮神，延年益寿的功效；不仅如此，麦门冬对降血糖也有一定的作用，它可以加强胰岛细胞的功能，使人体的血糖标准保持平衡。有关专家认为，麦门冬还能提高人体免疫力，降低心肌耗氧量。

天 麻老鸡汤

【材料】净老鸡600克，天麻适量，姜片25克，枸杞子少许

【调料】盐1小匙，味精少许，鸡汤适量

【做法】1.老鸡洗净剁成块，放入沸水中汆烫，捞出备用。

2.天麻洗净温水泡开。

3.鸡汤倒入锅中，大火烧开后，放入鸡块、天麻、姜片、枸杞子，待鸡块煮熟后用盐、味精调味即可。

养生专题 经常熬夜会慢慢导致失眠、健忘、易怒、焦虑不安等症状，而天麻具有醒脑、养心安神的功效，对缓解失眠、健忘症状有较好的作用；熬夜容易使眼睛产生疲劳、造成视力下降，而枸杞子含有丰富的胡萝卜素、多种维生素和钙、铁等眼睛保健的必需营养元素，常吃能有效保护视力。

杏仁枸杞银耳煲

【材料】荸荠300克，银耳1朵，甜杏仁少许，枸杞子适量

【调料】冰糖适量

【做法】1.银耳用温水泡透，去掉黑根，洗净泥沙，再用沸水泡发后余烫，放锅中煮熟，关火晾凉备用。

2.杏仁去衣，放沸水锅中，用中火煮15分钟，捞起，冲净，放碗中，用清水浸泡半小时，捞起沥干；荸荠削皮洗净，切成薄片。

3.将荸荠、杏仁放砂锅中，加水，用中火煲1小时，倒入枸杞子、银耳，再煲10分钟，加冰糖煮化开即可。

养生专题

经常熬夜容易使人衰老，特别是对女性来说，熬夜对皮肤的伤害非常大。银耳富含天然植物胶质，加上它的滋阴作用，长期服用，可滋润皮肤，同时，还可祛除脸上的黄褐斑以及雀斑，可称得上是爱美女性们的贴身伴侣。

黄豆鲫鱼汤

【材料】黄豆100克，白果适量，银耳1小朵，鲫鱼1条，姜2片

【调料】盐适量

【做法】1.黄豆洗净；白果去壳、衣心，清洗干净；银耳用水浸20分钟，冲洗干净，然后撕碎。

2.鲫鱼去鳞、内脏、清洗干净，用油把鲫鱼略煎，盛起。

3.烧滚适量水，下黄豆、白果、银耳、鲫鱼和姜片，水滚后改小火煲约90分钟，下盐调味即成。

养生专题

熬夜对健康不益，长时间熬夜还容易令头发失去水分和油脂的滋润，导致头发干枯易折断，发尾出现分叉现象，而黄豆则可改善发质问题，可促进新陈代谢，促进机体排毒，令头发乌黑亮泽。经常熬夜者，特别是女性可常喝此汤。

白 灵菇飞蟹汤

【材料】白灵菇 200 克，螃蟹 1 只，葱花少许

【调料】盐 1 小匙，胡椒粉半小匙，蘑菇高汤 2 杯，黄酒少许

【做法】1.白灵菇洗净，切片；螃蟹洗净，剁块。

2.蘑菇高汤、白灵菇、螃蟹一同放入锅中，烧滚后，加盐、黄酒、胡椒粉，小火炖至入味，撒上葱花，即可食用。

养生专题

白灵菇富含蛋白质、脂肪、多糖以及多种微生素和矿物质，能有效调节人体生理平衡。其中的真菌多糖，具有清热解毒、补脑提神、防癌抗癌、补肾壮阳、增强免疫力等功效，对经常熬夜的人，很具滋补作用。

山 参桂圆银耳汤

【材料】山参 2 克，银耳 10 克，桂圆 30 克

【调料】冰糖 30 克

【做法】1.山参放入清水中浸泡 10 分钟后，切片；桂圆洗净备用。

2.银耳放入清水中浸 20 分钟。

3.将山参、银耳、桂圆一同放入瓦罐中，投入冰糖，把浸银耳的水也倒入瓦罐中，隔水炖 2 小时，即可。

养生专题

经常熬夜会消耗大量的阴精，出现气阴两亏、虚火上扬、神疲乏力、腰膝酸软、头晕耳鸣、潮热盗汗、健忘失眠、遗精、眼圈发暗等症。山参具有大补元气的作用；银耳、桂圆可滋养阴津，解乏去火。

[重点提示] 食用银耳时要用温水浸发，剪去黑根。

第八节 接触放射性物质者

JIECHUFANGSHEXINGWUZHIZHE

● 职业特征 ●

放射性物质的最大特点是：看不见、摸不着，人们在不知不觉中就落入了它的魔爪，它不像甲醛、苯等有刺激性气味，因此人们常常察觉不到放射性物质的存在。正是因为如此，人们将放射性物质比喻成"人类健康的无形杀手"。

许多与放射性物质打交道的工作人员，每天都要遭受放射性物质的危害，这是由工作性质决定的，必须多加注意，采取防范措施。

● 职业危害 ●

放射性物质是通过两种方式对人体造成危害的，其一：是体内照射；其二：是体外照射。例如：从事建材行业的人都知道，建材中含有放射性物质"镭"，它在衰变过程中产生氡气，氡气通过呼吸道进入人体形成体内照射，氡气是一种不稳定气体，在人体内很快会衰变成铅、铋、钋等放射性同位素，这些放射性同位素继续衰变放出 α 粒子，进而破坏人体的组织细胞引发癌症；γ 照射是由建筑材料中的放射性物质演变而来的，人体如果长时间遭受 γ 照射，会引起多种慢性疾病，常见的有皮肤病、脱发、皮肤溃烂或变色。

众所周知，大多数慢性疾病是与血液疾病相联系，而放射性物质首先进攻的就是血液中的白血球，一旦白血球数量减少，机体会出现相关反应，久而久之会诱发恶性肿瘤。

● 科学养生须知 ●

难道就没有办法抑制放射性物质对人体的伤害吗？万事万物都讲求相生相克，放射性物质当然也有克星，人们在提高警惕的同时，还可以用食疗的方式进行防卫。与放射性物质接触较多的工作人员，可以多喝些以银耳为主料的汤品。

科学研究表明，银耳中含有一种叫酸性异多酚的物质，能增强机体免疫力，具有抗病毒的作用。银耳还具有增强肝脏解毒功能的效用，可加快体内排毒的速度，达到清除体内垃圾的目的。

● 推荐食材 ●

银耳、胡萝卜、荸荠、绿豆、花旗参、冬瓜等。

推荐汤品 >>

咖喱蔬菜汤

【材料】菠菜80克，胡萝卜30克，番茄1个，葱花适量

【调料】高汤、咖喱粉、盐、胡椒粉各适量

【做法】1.菠菜、胡萝卜、番茄洗净切丝状，备用。

2.锅中加油烧热，放入葱花炝锅，再倒入高汤和所有蔬菜丝。

3.开锅后，放入适量咖喱粉，转用小火煮15分钟左右。

4.快出锅时放入盐和胡椒粉调味即可。

养生专题 放射性物质容易致癌，这是众所周知的常识。胡萝卜能增强人体免疫力，具有抗癌的作用，同时，还可缓解癌症病人的化疗反应，其营养价值非常高，被人们称为"小人参"。经常与放射性物质打交道的人，不妨多吃些胡萝卜。

海带排骨汤

【材料】排骨200克，莲藕、海带结各100克，姜片、葱白段、葱花各少许

【调料】料酒1大匙，胡椒末、盐各1小匙，香油少许

【做法】1.排骨切段，汆烫后去血水，捞出沥干水分；莲藕削去外皮，切滚刀块；海带结洗净。

2.锅内放油少许，加入姜片、排骨煸炒至白色，烹料酒，加清水用大火煮开，撇去浮沫，倒入高压锅内，放入葱白段、胡椒末，加盖压6分钟，关火放气。

3.拣去姜、葱不用，放入藕块、海带结用中火炖至藕熟、排骨离骨，加入盐调味，撒葱花，滴香油即可。

养生专题 海带的提取物可减轻同位素、射线对机体免疫功能的损害，并抑制免疫细胞的死亡，从而具有抗辐射作用。海带中含有的膳食纤维能像海绵一样吸附肠道内代谢废物以及随食物进入体内的有毒物质并及时排出体外，缩短毒废物质在肠道内滞留的时间，从而减少肠道对毒废物质的吸收。

松茸是一种名贵的食用菌，它的营养价值很高，富含大量的粗蛋白、粗脂肪、膳食纤维、可溶性无氮化合物，以及钾、铁等微量元素和维生素B$_1$、维生素B$_2$、维生素C等元素，是人类理想的养生保健食品。近年来，医学研究发现，松茸中含有抗肿瘤作用的"松茸多糖"，可有效达到抗基因突变、抑制肿瘤复发、转移的目的。由于放射性物质是致癌的罪魁祸首，因此，长期接触放射性物质的人，应该多食些松茸。

松茸青笋鱼肚汤

【材料】净松茸300克，青笋、鱼肚各100克，葱花少许

【调料】盐1小匙，胡椒粉半小匙，蘑菇清汤适量

【做法】1.青笋洗净切块；将松茸切片同青笋块一起放入沸水中余烫。

2.油锅烧热，下入葱花炒香，倒入蘑菇清汤，投入松茸、鱼肚、青笋、盐，小火煮至入味，出锅前再用胡椒粉调味即可。

花旗参银耳煲

【材料】花旗参5克，银耳30克，薄荷叶适量

【调料】冰糖50克

【做法】1.把花旗参放入清水中浸泡10分钟后，取出切片。

2.银耳加水泡发，放进高压锅中煮至鸣响3分钟，便可停火。

3.将银耳、花旗参片、冰糖、薄荷叶一同放入大碗中，隔水蒸至熟烂后即可。

花旗参具有抗辐射的作用，能改善因放射性物质造成的危害，适宜从事放射性工作及接受放疗者食用。银耳中含有一种酸性异多酚，该成分能提高机体免疫力，加强抗病能力，有效抵制放射性物质的伤害，银耳中的多糖A，也具有一定的抗辐射作用，从事该方面工作的人，应该多吃。

山楂绿豆汤

【材料】山楂、扁豆各20克，绿豆40克，厚朴花6克

【调料】盐、鸡粉、葱各适量

【做法】1.山楂、扁豆、绿豆分别用温水泡软，煮熟。

2.再加入厚朴花，小火稍煮，用盐、鸡粉、葱调味即可。

养生专题 绿豆具有解毒的作用，通常情况下，医生如果遇到因有机磷农药中毒、铅中毒、酒精中毒、药物中毒的病人时，在抢救前，先灌下一碗绿豆汤，进行紧急处理。常在有毒环境中工作的人，应该经常食用绿豆，以达到解毒强身的目的。

生姜酸菜墨鱼汤

【材料】墨鱼200克，生姜40克，酸菜30克

【调料】盐适量

【做法】1.墨鱼洗净，熬成墨鱼胶，制成鱼丸备用。

2.生姜洗净，切薄片；酸菜洗净，切丝。

3.把全部用料放入锅内，加清水适量，大火煮20分钟，再用盐调味即成。

养生专题 墨鱼味酸性平，富含优质蛋白质以及人体必需的多种维生素和矿物质，其药用价值非常高。我国古代很多医书上都有对墨鱼的记载，由此可见，墨鱼已成了养生保健的最佳食材之一。由于墨鱼中含多肽，该物质具有抗病毒、抗辐射的作用。因此，长期食用可有效降低癌症的发病率。此汤品以墨鱼为主要材料，具有养血滋阴、养颜美容、抗辐射、抗癌的功效，适合经常接触放射性物质的人群饮用。

第九节 运动量偏大者
YUNDONGLIANGPIANDAZHE

职业特征

三百六十行，每一行都有其独特的本质，从事运动行业的人，为了获得较好的比赛成绩，每天要进行大量的体育运动，肌肉、韧带及其他相关部位都处于紧张状态，以便做出相关反映，支配身体的各个部位。与运动相关的部位，长时间处于紧张状态，很可能造成身体机能疲乏，协调能力下降。从事运动行业的人们每天的运动量较常人大许多，这就要求他们合理按排饮食、活动时间，调整运动量。

职业危害

由于运动过量造成的疾病很多，其中，"跑步膝"是最常见的一种。跑步时，大腿肌肉反复收缩，膝关节重复曲伸，使膝盖骨前下方的髌腱韧的压力过重。当压力达到一定程度时，髌腱韧带会受到细小的损伤，虽然伤害不是很大，但日积月累也会产生局部无菌性炎症，严重时，髌腱会变形、变脆，乃至撕裂。 无论身体的哪个器官，过量运动都会造成不良影响。

科学养生须知

以下有几种检测运动量大小的方法，人们可以此为依据，及时调整运动量：

检测运动后的精神状态

倘若运动后稍有疲劳，但还有继续运动的欲望，并且不会影响日常生活，这种运动的力度是适中的；倘若对日常生活造成了不良影响，应适当降低运动量。

检测每天摄入的食物量

如果饮食状况没有大起大落，运动量适中，反之则应予以调整。

检测体重变化

如果体重升降较为悬殊，应降低运动量。

检测大小便

如果大小便出现异常也应降低运动量。

推荐食材

牛筋、牛肉、枸杞子、鹿茸等。

推荐汤品 >>

牛肉芥菜汤

【材料】嫩肩牛肉150克，芥菜100克，海米1大匙，姜片1片，草菇100克

【调料】料酒1小匙，鸡粉半小匙，盐少许，白胡椒粉少许，糖半小匙

【做法】1.牛肉切片，芥菜切段，草菇一剖为二后余烫2分钟取出备用。

2.用料酒爆香锅后加入适量水、姜片、草菇、虾米、芥菜与其他调料煮3分钟。

3.加入牛肉后至熟即可熄火上桌。

养生专题

芥菜富含维生素、矿物质、膳食纤维等成分，可补充因运动量过大，而损失的营养元素；牛肉具有强筋健骨的作用，二者搭配煲汤，可为运动量较大的人，提供身体必须的营养物质。

薄荷豆腐枸杞汤

【材料】瘦肉100克，豆腐1块，鸡蛋1个，薄荷叶5克，枸杞子少许

【调料】A：酱油1小匙，白糖、淀粉各半小匙

B：盐1小匙

【做法】1.瘦肉洗净切片，加入调料A拌匀，腌15分钟；豆腐洗净，切块，鸡蛋打匀；薄荷叶洗净。

2.锅置火上，注入适量水煮滚，放入豆腐块煮2分钟，再放入肉片及薄荷叶小火煮至肉片熟烂，倒入鸡蛋，边倒边搅拌，最后加调料B调味，盛入盘内，撒上枸杞子点缀即可。

养生专题

运动量较大者，要注意补钙，钙是天然压力的缓解剂。大量缺钙的人，容易患骨质疏松症，特别是对运动员来说，缺钙是一个非常严重的问题。豆腐含钙量较高，且容易被人体吸收，因此是补钙的理想食品。运动量较大者可常喝此汤。

鹿茸油菜蹄筋煲

【材料】鹿茸3克，蹄筋100克，香菇60克，菜心150克，生姜适量

【调料】高汤、白酒、盐、味精各适量

【做法】1.鹿茸切成薄片，放入盛有白酒的碗内，浸泡半天。

2.蹄筋放锅中，加水煮半小时后关火，加盖焖置1天，洗净，切成小段，备用。

3.香菇洗净，加水泡发，去蒂；菜心清洗干净。

4.把油锅烧至七成热，放姜片，炸出香味后放入蹄筋，翻炒片刻后，倒入白酒、鹿茸片、香菇、高汤，盖锅盖，煲煮1小时，然后把菜心、盐一并放入锅内，3分钟后用味精调味即可。

> **养生专题**
>
> 鹿茸的主要成分包括：鹿茸精、骨胶原等，具有强筋健骨的作用，常食鹿茸能促进蛋白质合成，改善睡眠和食欲，加强肾的利尿功能，改善阳虚病人的能量代谢，促进造血功能，提高机体的抵抗力，增强心脏功能。中医典籍中记载：长服鹿茸可益寿延年。对男子来讲，鹿茸能补腰肾虚冷、脚膝无力、夜梦鬼交、精泄自出；对女性而言，鹿茸可治崩中漏血、赤白带下。

枸杞牛肉煲

【材料】枸杞子20克，牛筋、牛肉各250克，香菜30克，葱、生姜各适量

【调料】花椒、料酒、盐、味精各适量

【做法】1.枸杞子洗净，在放碗中浸泡10分钟；香菜去根、老叶，择洗干净，切成段备用。

2.牛筋用温水洗净后，放入砂锅，注入适量的清水，大火烧沸，撇去浮沫，加料酒、花椒、生姜块，小火炖煮至八成熟时，去花椒、生姜块，取出切成小段，汤汁留下备用。

3.牛肉用温水洗净，与葱、生姜、料酒、适量的清水一同放入砂锅中，中火煮5分钟后，撇去泡沫，再用中火煮1小时，去葱、生姜，取出牛肉，切成薄片，汤汁留下备用。

4.将牛筋、牛肉片放瓦罐内，将牛肉原汁与盐、料酒一同放入瓦罐内，小火煲1小时后，加入枸杞子，中火煲5分钟后，用味精、香菜段调味即可食用。

> **养生专题**
>
> 运动会消耗体力，耗损气阴，还易使肌腱损伤，牛筋、牛肉都具有良好的强健筋骨，补充营养的作用；枸杞子有补肾益精的功效，能提高牛筋、牛肉的强健功效，对运动量偏大者非常适合。

第十节 接触粉尘较多者

JIECHUFENCHENJIAODUOZHE

● 职业特征 ●

粉尘是一种能长时间飘浮在空气中的固体微粒,专业人士把生产过程中产生的粉尘叫做生产性粉尘,按照生产性粉尘固有的特性,又可将其可分为无机粉尘、有机粉尘、混合粉尘。无机粉尘主要包括金属性粉尘、矿物性粉尘、人工无机粉尘等;有机粉尘主要包括人工有机粉尘、动物性粉尘、植物性粉尘等;混合性粉尘是指上述粉尘中任意两种的混合体,这在生产中是较为常见的。

长期与粉尘打交道的人,受粉尘危害的程度不一样,这是因为,行业不同接触的粉尘性质也不尽相同。例如:从事金属加工行业的人们,很可能吸进大量金属粉尘,这些有害物质在体内大量沉积,对人体造成的危害无法估量;而从事面粉加工行业的人,每日也可能吸入大量植物性粉尘,虽然说也会对健康造成危害,但与前者相比,其危害程度相对要低。长期与粉尘接触的人们,必须注意采取防范措施,既要采取防范措施,又要从饮食上调理。

● 职业危害 ●

在正常情况下,人体对粉尘具有自动清除功能,但是,一旦长期或大量吸入粉尘,人体的防御机能会被瓦解,健康便会受到威胁,诱发多种疾病,例如,支气管哮喘、哮喘性支气管炎、湿疹及偏头痛等变态反应性疾病。有些粉尘还可能是病源微生物的携带者,一旦这些粉尘无法被彻底清除,将引发多种顽固性疾病。经常接触粉尘,对皮肤、耳、眼都没有好处,长期与粉尘打交道的人,皮肤粗糙、甚至有皲裂现象发生;耳朵对粉尘也是非常敏感的,粉尘大量沉积在耳朵里,会影响听觉能力,诱发耳部疾病;眼睛是心灵的窗口,粉尘对眼睛的伤害也是非常严重的,长期接触粉尘的人应加倍注意。

● 科学养生须知 ●

为了维护身体健康,粉尘接触者除了在工作时注意采取措施外,还需要注意饮食保健,常饮用一些具有开胃消食、化痰软坚、消块散结功效的汤品,对防止粉尘的损害有很大帮助。

● 推荐食材 ●

萝卜、猪血、木耳、海蜇、豆腐、甘蔗、荸荠等。

推荐汤品 >>

 蜇荸荠汤

【材料】海蜇 200 克,鲜荸荠 10 个,姜丝少许

【调料】A:高汤 3 碗,料酒、盐各 1 小匙

B:醋 1 小匙,味精半小匙,香菜末 1 大匙

C:香油 1 小匙

【做法】1.海蜇洗净,切片

2.鲜荸荠去皮,切片,入沸水中汆烫备用。

3.锅中加入调料 A 烧开,放入海蜇、鲜荸荠片、姜丝,加调料 B,烧沸,淋调料 C 即可。

 养生专题 海蜇中含有人体必需的营养成分,其营养价值很高。由于海蜇具有软坚散结、行淤化积、清热化痰的作用,因此对气管炎、哮喘、胃溃疡、风湿性关节炎等症有很好的食疗功效。与粉尘接触较多的人,可经常食用海蜇,可以去除肠道中的沉积污垢,维护身体健康。另外,海蜇中还含有人体必需的碘,能有效预防甲状腺功能亢进症。

 米芦荟魔芋汤

【材料】羊肚菌 50 克,白萝卜适量,熟玉米棒 1 根,魔芋结 50 克,芦荟、仙人掌各少许,小番茄 5 个,干黄花菜适量,白果 5 粒

【调料】高汤 2 碗,浓缩鸡汁 1 小匙,盐 2 小匙,味精 1 小匙,鸡油、水淀粉各适量

【做法】1.材料分别洗净,白萝卜切块;魔芋结、芦荟、仙人掌、白萝卜块、白果入沸水中汆烫;干黄花菜泡至涨发。

2.高汤烧开,加鸡汁、盐、味精调味,将所有材料放入锅中一同煮入味,用水淀粉勾芡,出锅时淋鸡油即可。

 养生专题 经常与粉尘接触的人,比较容易患呼吸系统疾病,仙人掌中含有人体必需的 18 种氨基酸和微量元素,可提高人体免疫力,经常食用,对预防呼吸系统疾病大有裨益。

花蛤清汤

【材料】花蛤200克，茴香少许，柠檬1片

【调料】盐适量，胡椒粉半小匙

【做法】1.把洗净的花蛤放入淡盐水中，令其吐去泥沙，备用。

2.花蛤放入滚水中氽烫至壳张开为止，捞出洗净，备用。

3.锅中倒入适量的清水，煮沸后下所有材料，再次烧沸后，放入盐、胡椒粉，煮入味后放入茴香即可。

养生专题

花蛤为蛤蜊中的上品，蛤肉性寒味咸，有滋阴润燥、利尿消肿、软肾散结的作用。此汤润五脏，止消渴，开胃。接触粉尘较多的工作人员，常饮此汤，可起到一定的保健作用。

[重点提示] 脾胃虚寒、腹痛、腹泻者忌食。

甘蔗荸荠汤

【材料】甘蔗、荸荠各100克，芒果50克

【做法】1.甘蔗、荸荠去皮，切成圆片；芒果去皮，切菱形块。

2.将甘蔗和荸荠片各取1/5榨取汁液，加适量清水煮沸，放入余下的甘蔗和荸荠片熬煮10分钟。

3.放入芒果片，再次煮沸，盛入碗中即可。

养生专题

中医认为：荸荠性寒，味甘，具有清热化痰，化积利肠的功效，长期与粉尘接触的人，肺部容易沉积灰尘，致使肺部出现炎症，出现肺气肿、咳嗽、呼吸困难的现象，多吃荸荠能有效预防这种情况发生。荸荠还具有清理肠道的功能，可将沉积在肠道中的粉尘，清理干净，通过粪便排出体外。

菜猪血汤

【材料】猪血1块（约200克），酸菜心2片（约150克）

【调料】高汤3碗，盐半小匙，沙茶酱2大匙

【做法】1.猪血切块，氽烫后捞出；酸菜洗净切丝。

2.锅置火上，放入高汤，即入酸菜丝煮5分钟，再放入猪血煮5分钟，加盐、沙茶酱拌匀，即可。

养生专题 酸菜味道酸咸，含有一定量的乳酸菌，被人体吸收后，可促进消化，增进食欲，加之猪血的清肠功能，本汤品具有很好的抗粉尘功效。

菜红白汤

【材料】猪血、豆腐各100克，熟蛋皮50克，泡酸菜、姜末、葱花各适量

【调料】高汤2大碗，水淀粉少许

A：醋2大匙，香油适量

B：盐适量，胡椒粉、鸡粉各2小匙

【做法】1.泡酸菜、熟蛋皮分别切细丝；豆腐、猪血分别切成粗丝。

2.取一汤碗，加入A料、葱花。

3.锅内放入高汤和切好的豆腐、猪血、蛋皮、酸菜丝煮沸，加入姜末、B料调味，用少许水淀粉勾薄芡，倒入汤碗中即成。

养生专题 该汤品中的主要材料猪血，具有较高的营养价值，有利肠通便的作用，能清除肠道内的沉渣污垢，对尘埃及金属微粒等有害物质，具有净化作用，可避免积累性中毒。长期接触粉尘的人，可以食用猪血保健强身。

豆腐鸭血汤

【材料】枣10颗，鸭血200克，盒装豆腐1块，葱花少许

【调料】盐2小匙，胡椒粉、香油各少许

【做法】1.大枣用刀背拍裂后用清水浸泡，待软时去核；鸭血洗净，切块；豆腐切块。

2.大枣先用大火煮开，再转小火熬约15分钟，然后再转大火，水开即可加入鸭血及豆腐，再度煮开时加盐、葱花、胡椒粉、香油调味。

养生专题　长期接触有毒粉尘的人，特别是每日驾驶车辆的司机，应多吃鸭血。鸭血中的血浆蛋白经胃酸和消化酶分解后，产生可解毒、滑肠的物质，与入侵人体的粉尘、有害金属微粒发生反应，变成不易被人体吸收的废物，从消化道排出体外。

萝卜骨头煲

【材料】猪骨头250克，萝卜250克

【调料】料酒、盐、味精各适量

【做法】1.猪骨头放沸水中余烫，去血水，捞出沥干切成小块。

2.萝卜去皮后洗净，切成小块。

3.把猪骨头放瓦罐内，注入足量的清水，然后再放入料酒，小火炖煮2小时，至汤汁变白后，再把萝卜块放入锅中，炖煮30分钟，最后用盐、味精调味即可。

养生专题　本汤品，可作为与粉尘接触较为密切者的保护伞，经常饮用，可提高身体免疫力。汤品中的萝卜，既能开胃消食又可化痰软坚，消块散结，容易被人体吸收，可增力气、降火气，可有效预防粉尘的伤害。

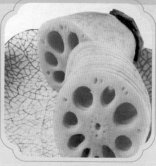

第四章

全家
保健汤 ○ ○ ○

疾病是造成家庭不幸的原因之一。父母期盼孩子健康强壮；子女期盼父母身体安康；丈夫期盼妻子健康美丽；妻子期盼丈夫平安健康。那么，如何才能确保一家人健康平安呢？汤饮可为健康出点力。

第一节 **成熟女性**

CHENGSHUNÜXING

成员特征

从青春期结束的18周岁左右到开始进入更年期的40岁出头，这段时间被称作成熟期，成熟期对女人来说，是非常风光的阶段，可享受事业的成功、爱情的美满、家庭的幸福，当然，这一切都要以健康为前提。

随着时代的进步，女性已成了社会的主角，社会地位也越来越高。在男人眼中，女性的形象逐渐高大起来，但是，这些表面的荣光并不能使成熟女性感到快乐，因为健康问题常困扰着她们，如：白带增多、月经不调、经来腹痛、更年期综合征、身材走样等，使一部分成熟女性的脸上少了几分笑颜。

保健秘诀

其实，拥有健康美丽的身体，是每一位女性的追求，饮食与健康之间存在着千丝万缕的联系，如何依靠饮食解决成熟女性的"麻烦事"，是女性们关注的重点问题。据医学表明：许多食物对女性的保健、养生有很好的效果，女性在繁忙的工作之余，一定要多加疼爱自己一些，煲一些营养丰富的汤水，为幸福生活增添动力。

推荐食材

蛋、奶、鱼、禽、肉、海带、猪血、胡萝卜、木耳、大蒜、无花果等。

  相 关 链 接

自助按摩缓解月经问题

◆平躺曲膝，慢慢深吸一口气同时扩张腹部，快速地吐气并同时收缩腹部重复5次。

◆跪坐在自己的脚跟上，额头轻触地面，此姿势有助放松子宫。

◆双手掌心对搓发热后，贴于小腹部，缓慢地按顺时针方向按摩1分钟。

◆双手掌分别放在肋部两侧，向小腹方向斜擦1分钟。

◆两手掌紧贴腰部，用力作上下擦动1分钟。

◆疼痛剧列的患者，如有冷汗、肢冷、面色青紫等症状，应严防其昏厥等病变。可用热敷或捏人中救急。

推荐汤品 >>

成熟女性们将南瓜奉为"最佳美容食品"，南瓜中维生素A的含量胜过绿色蔬菜，不但适合身材肥胖的中青年人食用，还能满足成熟女性爱美的需求。此汤除了具备去火的功效，还能补充皮肤所需水分与胶质，是美颜的首选食材。

 南瓜排骨美颜汤

【材料】花生仁80克，猪排骨300克，南瓜200克，番茄1个

【调料】盐适量

【做法】1.猪排骨洗净；南瓜洗净去皮；番茄洗净切成大块备用。

2.把猪排骨放在热水中汆烫，去血水；花生仁先泡2小时。

3.锅内倒水烧开，放入花生仁、猪排骨用大火烧开，再转小火煲40分钟。

4.放入番茄煮熟，最后加盐调味即可。

 青苹果芦荟汤

爱美是成熟女性的共同特质，芦荟则具有清热养颜，润肠通便的作用；苹果中含有丰富的维生素C，二者搭配，再加上红枣和银耳的补血清热功能，该汤可称得上是一道不折不扣的美人汤。

【材料】青苹果2个，红枣20颗，水发银耳2朵，鲜芦荟适量，生姜1块

【调料】冰糖适量

【做法】1.青苹果去皮、核，切小块；红枣用温水泡好；银耳撕成小朵；芦荟去皮切小块；生姜切小片。

2.取炖盅一个，加入青苹果、红枣、银耳、芦荟、生姜，注入适量的水。

3.然后调入冰糖，加盖，入蒸锅，隔水大火炖约1小时即可食用。

薏 仁苍术瘦肉汤

【材料】猪瘦肉 250 克，冬瓜 1500 克，薏米 60 克，苍术 10 克

【调料】盐、味精各适量

【做法】1.冬瓜洗净留皮、去子，切成小块；薏米、苍术放入清水中浸泡半天。

2.猪瘦肉用温水洗净，切成小块。

3.把全部材料放瓦罐中，加入适量清水，大火煮沸后，改小火慢煲，2 小时后，用盐、味精调味即可。

养生专题 女性带下，多与湿有关，脾虚湿盛的，带下色白清稀，无臭味，薏米、苍术、冬瓜都有健脾利水的作用；另有湿热盛的，带下黄浊，多腥臭，可向该汤品中加入 30 克金银花，煎汁放入汤锅内，对带下恶臭有改善作用。女性可根据个人状况，选择恰当食材。

莲 子瘦肉汤

【材料】莲子 50 克，鲜百合 30 克，猪瘦肉 250 克，生姜、葱各适量

【调料】料酒、盐、味精各适量

【做法】1.莲子去心，洗净；百合洗净，掰开。

2.猪瘦肉洗净，切块。

3.将生姜、猪肉、莲子一并放瓦罐中，加入适量的清水，再调入料酒，大火烧沸后，改小火慢煲 40 分钟，加入百合，煲至材料熟透，放味精、盐，撒葱花即可。

养生专题 带下问题困扰着许多成熟女性，本汤品中的莲子、百合既是药物又是食物，中医将其归为滋补类，前者能调补脾肾，后者可润肺宁心，能治虚热、调节神经功能，是女性保健、防治带下的最佳食材。

片黄瓜汤

【材料】猪肉片150克，黄瓜半条，柳松菇100克，姜1片，葱段少许

【调料】料酒1小匙，盐、白胡椒粉各少许

【做法】1.黄瓜去子后切块。

2.用色拉油炒香姜片、柳松菇，加入料酒与水，烧开后煮约15分钟撇去油沫。

3.放入剩余调味料煮2分钟，再放入猪肉片、黄瓜、葱段，待汤烧开即可。

养生专题 黄瓜所含的黄瓜酸，能促进人体新陈代谢，有助于排出体内毒素；维生素C的含量比西瓜高5倍，能美白皮肤，使其保持弹性，还可抑制黑色素的形成。同时吃黄瓜还有助于化解炎症，抑制糖类物质转化为脂肪。此汤品能满足成熟女性们爱美的心愿。

豆白菜汤

【材料】白菜200克，黄豆、瘦肉各50克，白果20克，冬菇100克，姜片适量

【调料】盐适量

【做法】1.黄豆、白菜分别洗净；白果去壳，入开水氽烫片刻，取出；冬菇浸软；瘦肉洗净，氽烫后冲洗干净。

2.烧开适量水，下黄豆煮开后放入剩余材料，改小火煲1小时，下盐调味即可。

养生专题 更年期是女性必然要经历的一个重要阶段，更年期综合征，让许多女性吃尽了苦头，黄豆中的植物雌激素与人体产生的雌激素在结构上十分相似，可成为辅助治疗女性更年期综合征的最佳食物。建议更年期女性们，常喝此汤品。

第二节 孕妇

YUNFU

成员特征

怀孕是成熟女性大都要经历的一个阶段，即将为人母的女性，多多少少会有些兴奋，但兴奋之余还要注意保健，既要让宝宝平安降生，又不能委曲了自己。

健康对怀孕女性来说非常重要，这不但是对自己负责，也是对孩子负责的表现。通常情况下，孕妇在妊娠期间最容易受疾病侵害，常见的疾病有：缺铁性贫血、皮肤瘙痒、肾结石、腹痛、妊娠时血小板减少、腰痛、小便不通、水肿等，这种种疾病都可能妨碍胎儿正常发育，甚至会导致流产、早产，因此必须多加注意，以免疾病发生。

保健秘诀

女性在怀孕时，不宜食用含有药物成分的食物，如果希望利用饮食为自己和胎儿补充营养，汤水是最理想的选择。不过，在饮用汤水时，还应注意以下几点：

不能常饮以水果为主材的汤品

由于水果含糖量很高，会导致妊娠期糖代谢异常，诱发糖尿病。科学研究表明，妊娠期间患糖尿病的人，大多是由于饮食不合理造成的，其中大量摄入含糖量较高的食物是众多原因中最关键的一点。所以，爱喝水果汤品的孕妇，应自我控制一些。

控制食量

许多女性在怀孕期间大量摄入食物，倘若食物搭配不均衡，很可能出现糖代谢异常的状况。

合理补钙

对孕妇来说，产前补钙的做法是非常合理的，这有利于胎儿骨骼的发育，不过钙质不宜补充太多，以免生产时因胎儿骨骼太硬出现难产情形。

不偏食

腹中的胎儿要依靠母体的营养才能成长，如果孕妇本身有偏食习惯，很容易造成营养不良，这对胎儿的成长来说就是一个大麻烦。因此女性在怀孕期间一定要确保营养均衡，合理补充各种营养成分。

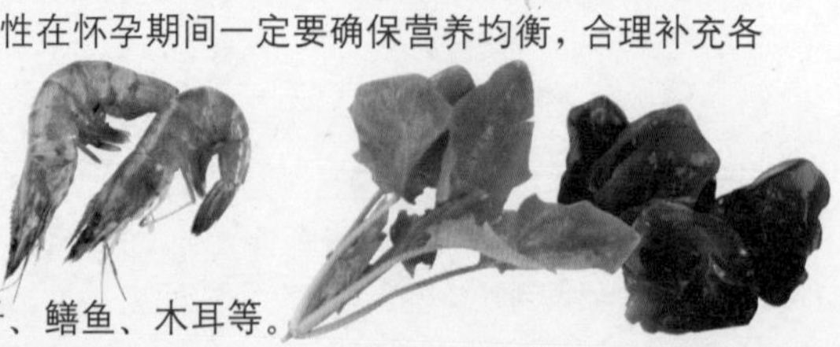

推荐食材

菠菜、红枣、虾、鱼、鸡、莲子、枸杞子、鳝鱼、木耳等。

推荐汤品 >>

葱牛骨汤

【材料】牛骨400克，胡萝卜150克，洋葱、姜片各适量
【调料】盐适量
【做法】1.牛骨剁块，洗净，放入开水中煮5分钟，取出洗净。
2.胡萝卜去皮，切大块。
3.油锅烧热，放入洋葱、姜片，炒出香味后，注入适量水煮开，加入牛骨、胡萝卜煮3小时，加盐调味即可。

养生专题 孕妇应及时补充钙质，特别是怀孕后期，是胎儿骨骼发育的关键时期，对钙质的需求量很大，孕妇应有意识的食用含钙量较高的食品，以满足胎儿的需求。本汤品中的牛骨，含有丰富钙质，可作为孕妇补充钙质的首选食材。

瓜鲜鱼汤

【材料】鲤鱼1条，木瓜150克，豌豆苗10克，大枣5颗，花生仁20粒，姜片、葱段各适量
【调料】高汤2大碗，香油适量
A：盐适量，料酒2大匙
B：胡椒粉少许，料酒2大匙
C：盐适量，味精1小匙
【做法】1.鲤鱼洗净，鱼身两面各剖四五刀，将A料均匀涂抹在鲤鱼内外，略腌。
2.大枣、花生仁洗净，花生仁放入碗内，加适量清水蒸熟；木瓜去皮、子，切成条块。
3.锅内放少许油，将鱼两面煎黄，加入高汤烧沸，撇去浮沫，加入大枣、木瓜块、姜片、葱段、B料炖30分钟，将鱼取出放入大汤碗中。
4.在汤中加入花生仁、C料煮沸，放几根豌豆苗略烫，倒入鱼上，淋少许香油即成。

养生专题 逢年过节，家家户户都会用鲤鱼装点餐桌，一图喜庆吉祥，二图鲤鱼营养丰富。通常情况下，鲤鱼对任何人来说都具有保健功效。对孕妇的保健功效尤为突出，能有效防治胎动不安及妊娠水肿。

牛骨番茄土豆汤

【材料】牛骨500克,牛肉200克,番茄100克,土豆200克,胡萝卜100克,黄豆50克,姜2片

【调料】盐少许

【做法】1.黄豆洗净,放入清水中浸泡半小时;牛肉切片,与牛骨一起入沸水中氽烫,去血水。

2.胡萝卜、番茄、土豆分别去皮,洗净,切成块。

3.将姜片、牛骨、牛肉片及黄豆一同放入砂锅中,煲约半小时,加番茄、土豆、胡萝卜,继续煲煮,1小时后用盐调味即可。

养生专题

钙质、蛋白质、维生素、矿物质等营养元素,是胎儿发育的必需品,孕妇应多食用些此类食品以满足胎儿的发育需求。本汤品中的牛骨含有大量的钙质;牛肉则是蛋白质的供养源;番茄能为孕妇及胎儿提供红萝卜素、维生素B和维生素C;土豆富含大量的蛋白质、维生素以及微量元素,本汤品对孕妇来说,具有很好的保健功效。

枸杞乌鸡煲

【材料】枸杞子20克,净乌骨鸡1只,生姜适量

【调料】高汤适量,盐、鸡粉各少许

【做法】1.将乌骨鸡斩去爪、头,放沸水锅中煮5分钟,捞出后洗净。

2.枸杞子洗净,放入清水浸泡10分钟。

3.瓦罐中放足量清水,投入乌骨鸡与生姜片,煮沸后撇去浮沫,改用小火慢煲,1小时后下枸杞子,再用中火煲10分钟,用盐、鸡粉调味即可。

养生专题

枸杞子有滋养肝肾,益精补血的作用,富含丰富的胡萝卜素及多种维生素;乌骨鸡的营养也极为丰富,且易被人体吸收,将二者搭配煲汤,适合孕妇食用。本汤品对肝肾精血亏虚也具有一定的食疗效果,对女性妊娠后精血亏虚,有辅助治疗作用。

鸡 肝豆苗汤

【材料】鸡肝100克，豌豆苗50克

【调料】鸡汤250克，盐、料酒、味精、胡椒粉各适量

【做法】1.鸡肝去苦胆，洗净，片成薄片，浸入料酒中浸泡2分钟。

2.豌豆苗洗净，入沸水锅中氽烫，备用。

3.鸡汤倒入锅内，大火煮沸后改成小火，撒入鸡肝，鸡肝氽烫至嫩熟时捞出，放入汤碗内，豌豆苗放在鸡肝上。

4.将盐、味精、胡椒粉放入汤锅，搅拌均匀后倒入汤碗内即可。

养生专题 豌豆苗、豌豆尖的嫩叶中富含丰富的维生素C，适合孕妇食用；其中还含有能分解体内亚硝酸氨的酶，具有防癌、抗癌作用；豌豆苗和豌豆尖含有较为丰富的膳食纤维，可有效预防便秘。

苦 瓜鲈鱼汤

【材料】苦瓜半根，鲈鱼半条，枸杞子20克，姜2片

【调料】米酒4大匙，盐适量

【做法】1.苦瓜洗净，去子，切块，鲈鱼去内脏、洗净，切块，放入滚水氽烫，捞出备用。

2.取一只大碗，放入所有材料，倒入适量水及调料搅拌均匀，放入蒸锅中大火蒸20分钟，即可盛出。

养生专题 鲈鱼是孕妇及产妇的滋补佳品，既可缓解胎动不安，又可作为产后催乳的主要食材。孕妇和产妇吃鲈鱼，在滋补强身的同时，又不必担心因营养过剩而造成肥胖。

● 成员特征 ●

坐月子这种观念在很早以前就有，这种观念有一定的科学依据。刚刚产下婴儿的女性，身体比较虚弱，心肺、肠胃、呼吸、泌尿生殖、新陈代谢等系统都会发生变化，这段时间是调养的最佳时期，如果能好好调养休息，可使原有的一些顽固疾病，如头痛、腰酸背痛消失不见。

● 保健秘诀 ●

传统观念认为，汤是女性坐月子时不能缺少的补品，这种看法是正确的，不过在煲汤过程中，还应注意以下几点：

汤品含盐量不能过高

有些女性口味比较重，饮汤时总感觉没有滋味，因此要求添加盐，这种要求是不能满足的。因为，过咸的食物会抑制乳汁分泌，并且水分容易滞留于体内，对身体的恢复没有任何好处。

最好不喝太过肥腻的汤品

刚刚生产后，肠道的蠕动功能较差，过于油腻的食物会为肠道增添负担，过于油腻性的汤品最好不要饮用。

禁饮生冷性汤品

最好不要以哈密瓜、梨、苦瓜、冬瓜、竹笋、大白菜等生冷性材料煲汤，否则会损伤脾胃，影响食物及血液的运行。

忌饮含麦芽糖以及相关成分的汤品

麦芽糖具有抑乳的作用，会减少乳汁分泌，哺乳女性最好不要食用。

禁饮含酒精的汤品

由于酒精会通过乳汁传到婴儿体内，对婴儿神经系统的发育不利，所以哺乳中的女性应禁饮含酒精的汤品。

● 推荐食材 ●

食用菌类、猪尾、海鲜、鸡肉、鱼、牛骨等。

木 耳猪脚汤

【材料】猪脚500克，黄花菜15克，水发木耳50克，葱段、姜片各适量

【调料】辣椒、盐、味精、鲜汤各适量

【做法】1.猪脚洗净，剁成块，放入沸水锅中余烫，捞出晾凉。

2.黄花菜、木耳择洗干净，黄花菜切成段，木耳撕成片；辣椒洗净切丝。

3.锅内加鲜汤烧沸，放入猪脚，用小火煲熟，下入黄花菜、木耳、辣椒丝、盐、味精调味，再煮15分钟即可。

养生专题 女性产后乳少，人们首先想到的是吃猪蹄汤、瘦肉汤、鲜鱼汤、鸡汤等，这是因为，肉汤中含有丰富的水溶性营养，对于产妇来说，可起到催乳及滋补作用。

对 虾疙瘩汤

【材料】小对虾8只，净花蛤肉、蛏子肉各100克，韭菜30克，面粉150克

【调料】A：高汤1大碗，山椒水1大匙
B：盐、鸡粉、胡椒粉各1小匙，香油少许

【做法】1.小对虾入沸水中余烫，捞出去头、壳，挑去沙肠，留虾尾；花蛤肉、净蛏肉余烫至熟；韭菜切末；面粉放盆内，边加冷水边用筷子不停地搅动，制成面疙瘩。

2.锅内放调料A烧沸，撇去浮沫，加面疙瘩煮熟，撒蛤肉、小对虾、蛏子于面疙瘩上稍煮，撒韭菜末，加调料B调味即成。

养生专题 虾的营养成分极为丰富，蛋白质的含量是鱼、蛋、奶的几倍到几十倍；其中还含有丰富的钾、碘、镁、磷等矿物质及维生素A等营养成分。其中的磷、钙对产妇及婴儿有补益功效。

莴笋鸡汤

【材料】鸡1只，绿豆20克，莴笋半根

【调料】盐适量，鸡粉1小匙，料酒2大匙，八角2粒

【做法】1.鸡去内脏洗净，切小块，入沸水中汆烫，捞出漂净血水、浮沫；绿豆挑去杂质，洗净，用冷水泡2小时；莴笋去叶、外皮，切小块备用。

2.高压锅内加水烧开，放入老鸡块、绿豆、莴笋、料酒、八角压熟，熄火放气，加盐、鸡粉调味即可装碗。

养生专题 产后适当多喝一些鸡汤可达到促进乳汁分泌的目的。但喝汤同时也要吃肉，因为很多营养在肉里，并不能完全溶进汤中。如果只喝汤而不吃肉，就会影响身体对营养的摄取。产妇在用鸡汤进补时，还需注意。

山药当归牡蛎煲

【材料】牡蛎100克，鲜山药250克，当归30克，冬笋净肉100克，生姜适量

【调料】盐适量

【做法】1.牡蛎取肉，用温水洗净。

2.鲜山药去皮，洗净，切成薄片；笋肉洗净，切成与山药片大小一致的薄片；当归放入清水中浸泡1小时。

3.把山药、笋肉一并放瓦罐中，将当归连同所浸之水一并倒入，再放生姜、盐，中火煲1小时后，放入牡蛎，中火续煲15分钟即可。

养生专题 女性产后对营养物质的需求量逐渐增大，及时补充营养并保持脾胃的正常消化吸收功能，是产妇的当务之急，这样才能帮助产妇早日康复和母乳的正常分泌。本汤品中的牡蛎具有滋阴补虚的作用，而山药则可健脾养胃，当归能养血，三者结合烹饪，有助于产后精气的复元，使乳儿有营养保证。

鲫鱼豆腐汤

【材料】鲫鱼4条，豆腐300克，小油菜3棵

【调料】盐、味精、鸡粉各适量

【做法】1.豆腐切块，汆烫，捞出过凉，沥干；鲫鱼去内脏，洗净，小油菜心洗净，汆烫后沥干。

2.油锅烧热，鲫鱼煎至两面金黄，再加清水，大火烧开转小火熬至汤色浓白时，加豆腐块，加盐、味精、鸡粉调味，最后加小油菜即可。

养生专题 鲫鱼又称喜头鱼，意即生子有喜时食用。鲫鱼营养丰富，有良好的催乳作用，对母体恢复有很好的补益作用。与豆腐搭配，则具有益气养血、健脾宽中的作用，豆腐的营养价值也很高，对于产后康复及乳汁分泌有很好的促进作用。

豌豆肚条汤

【材料】猪肚1个，豌豆300克，葱末适量

【调料】高汤、盐、鸡粉、胡椒粉各适量

【做法】1.豌豆去皮，洗净备用。

2.猪肚洗净，放入蒸锅中蒸熟，取出，切成长条。

3.锅内放油烧热，倒入高汤烧至沸腾后，加入猪肚条、豌豆同煮20分钟。

4.加入盐、鸡粉、胡椒粉调味，开锅后，撒上葱末即可。

养生专题 中医认为：豌豆具有理中益气、补肾健脾、和五脏、生精髓、除烦止渴的功效，对产妇大有神益。豌豆中的蛋白质含量丰富，质量好，包含了人体必需的各种氨基酸，常人食用能保健强身，哺乳女性食用既可达到自我保健的目的，又能确保婴儿健康成长。

第四节 成熟男性
CHENGSHUNANXING

● 成员特征 ●

如今，男性的生活压力比较大，既要承担养家糊口的担子，又要照顾老人、教育子女，因此，拼命的工作、奔波。在这种情况下，如果不注意保养，即便是铁打的身体，也很难承受如此大的压力。

在忙碌的生活状态下，许多男性疾病已悄悄溜到了男性身边，如：性欲低下、遗精、阳痿、早泄、不育等，给男人们造成了很大困扰，使他们不能安心应对生活挑战，更没有心情关爱妻子、教育子女，久而久之很可能使家庭生活陷入危机。众所周知，现代社会的离婚现象逐渐增多，有些原本幸福的家庭，因为男性压力过大、身心疲惫、疾病缠身而支离破碎，这不得不令人感到遗憾。那些奔波劳碌的男人们，请及时保养身体，女人们也要为丈夫的健康出份力。

● 保健秘诀 ●

俗话说得好："一个成功男人的背后，一定要有个成功的女人。"为了让家庭生活幸福美满，女人们要重视丈夫的健康，为他们做好后备工作，使他们精力充沛地迎接生活挑战。

许多人或许会感觉迷茫，不知该如何下手，其实中华民族自古就有"食药同源"、"养生当论食补"、"以食代药"、"药补不如食补"的说法，并且有许多用汤水养生、保健的记载，勤劳的女性们，不妨为劳累的丈夫煲一锅具有滋补功效的汤水，避免疾病对丈夫造成威胁，让他们对工作充满激情、对家庭充满眷恋。这无异于为幸福生活埋下了一颗善意的种子，精心浇灌定能长出幸福的花蕾。

● 推荐食材 ●

乳鸽、茶树菇、枸杞子、菊花等。

相 关 链 接

轻松解决前列腺问题

◆俯卧，以双手掌按揉并搓擦尾骶部，以热为度，早晚各1次。然后以拇指按揉阴陵泉穴（位于小腿内侧、膝下胫骨内侧凹陷处）、三阴交穴(内踝直上3寸处)各1分钟。

● 阴陵泉

◆一手将脚固定，另一手手指按捻双脚外踝后下方与跟腱前方三角区域30分钟。

◆点压脐下气海、关元等穴，有利于恢复膀胱功能。

推荐汤品 >>

药枸杞狗肉汤

【材料】山药200克，枸杞子20克，狗肉400克，生姜、葱各适量

【调料】胡椒粉、高汤、盐、味精各适量

【做法】1.山药放入清水中洗净，去皮，切块；枸杞子洗净，放入清水中浸泡10分钟。

2.狗肉洗净，放入沸水中汆烫，去血水，捞出后洗净，切小块。

3.油锅烧热，放入生姜，炒出香味后，再放入狗肉，翻炒片刻，加入葱，翻炒均匀后，倒入瓦罐内。

4.再将山药、水倒入瓦罐内，小火慢煮1小时后，下枸杞子、盐、高汤，再用中火煲30分钟，即可用味精、胡椒粉、盐调味食用。

养生专题

狗肉中含有蛋白质、脂肪、灰分及维生素等营养成分，日常生活中，人们经常用狗肉御寒助阳，将其视为冬季滋补佳品。中医认为：狗肉性温，因肾阳亏虚导致的性功能下降、阳痿、遗尿、小便频数者，宜多食用。狗肉还适合脾胃虚弱者食用，因肠中积冷，导致的大便溏薄、腹中冷痛、手足不温者，也可经常食用。

奶水果汤

【材料】琼脂10克，鲜奶500毫升，西瓜、梨、木瓜、桃子、枇杷各适量

【调料】白糖适量

【做法】1.琼脂剪断，洗净，放锅内，加清水300毫升、白糖少许，用小火慢熬至琼脂溶化，起锅，倒入碗内晾凉成冻。

2.锅内倒入鲜奶，加白糖，用小火慢熬至化，起锅晾凉。

3.西瓜、梨、木瓜，均去皮、子，切薄片；桃子去皮、子，切片；枇杷去皮、核，撕成小块，将处理好的水果放入碗中。

4.将鲜奶倒入碗中，再用勺将琼脂冻一块块放入即可。

养生专题

中医认为：牛奶味甘性微寒，具有滋润肺胃，润肠通便，补虚的作用。牛奶中的一些物质对中老年男人有保护作用，常喝牛奶的男性，身材往往比较苗条。

西 湖牛肉羹

【材料】牛肉末150克，熟青豆仁100克，鸡蛋清2个

【调料】A：水淀粉适量，香油、料酒各1小匙
B：鸡粉1小匙，盐半小匙，白胡椒粉少许

【做法】1.把牛肉末与水淀粉混合拌均匀。

2.用料酒爆香锅后，加水与调味料B一并烧开。

3.加入牛肉末，快速搅散至浮起，捞除油沫。

4.用水淀粉勾芡，水烧开后加入打散的蛋清，轻搅成蛋花羹，再加入青豆仁与香油拌匀即可。

养生专题 中医认为：牛肉性温味甘，有暖中补气，补肾壮阳，强筋骨等作用，成熟男性多食牛肉，可强身健体，增强体力。

茶 树菇红枣汤

【材料】茶树菇50克，小排骨300克，红枣10颗，姜片适量

【调料】高汤、盐、香油各适量

【做法】1.茶树菇洗净切段；小排骨洗净剁成小块，放入沸水中汆烫，捞出沥干；红枣洗净去核备用。

2.高汤倒入锅内，放入所有材料，大火煮10分钟后，改小火焖煮30分钟，用盐、香油调味即可。

养生专题 茶树菇是一种高蛋白，低脂肪，无毒害，集营养、保健、理疗于一身的天然无公害食用菌，它富含人体所需的17种氨基酸和10多种矿物质微量元素与抗癌多糖，其药用保健疗效高于其他食用菌。中医认为：茶树菇具有滋阳壮阴，美容保健之功效，对肾虚、尿频、水肿、风湿有独特疗效，对抗癌、降压、防衰、小儿低热、尿床有较理想的辅助治疗功能。

鹿 茸老鸽瑶柱汤

【材料】净老鸽1只，鹿茸片20片，干瑶柱30克，姜片3片，山药40克

【调料】盐适量

【做法】1.净老鸽去头、爪洗干净，放入滚水内氽烫，5分钟后捞出沥干。

2.山药洗净；干瑶柱泡发好，待用；其他原料分别洗净，待用。

3.净锅置于火上，倒入适量的清水，大火煮沸后，投入所有材料，再次煮沸后，改小火慢煲，2小时后，用盐调味即可。

养生专题

鹿茸性味甘、咸、温；入肝、肾经，具有补肾壮阳，补益精血的功效。适用于肾阳不足、精血亏虚、畏寒肢冷、阳萎早泄、宫冷不孕、小便频数、腰膝疼痛、头晕耳聋、精神疲乏等症。鹿茸还可用于强筋健骨，大凡精血不足、筋骨无力、发育不良者都能食用。

鲜 虾汤

【材料】鲜虾仁150克，苋菜、柳松菇各100克，大蒜5瓣

【调料】料酒1小匙，柴鱼精半小匙，盐、白胡椒粉各少许

【做法】1.苋菜切段；柳松菇切除根，洗净备用。

2.用色拉油爆香大蒜后加入料酒、水与柳松菇同煮5分钟。

3.放入苋菜与其他调料再煮2分钟，最后放入鲜虾煮熟即可。

养生专题

虾营养价值丰富，含有一定量的激素，有助于补肾壮阳。肾虚的男人们可经常饮用此汤，对强健身体，提高个人魅力很有帮助。

第五节 年迈者

NIANMAIZHE

● 成员特征 ●

俗话说："家有一老，如有一宝"如何保证"家中之宝"身体健康、长命百岁呢？具有保健功效的汤水很有用处。

目前，许多疾病都比较"偏爱"老年人，如：高血压、糖尿病、心脏病、骨质疏松症等，因为随着年龄的增长，身体的免疫功能逐渐减退，这便成了许多疾病滋生的温床，使老年人的健康受到威胁，如果不及时保健，很可能让疾病得逞，给自己找罪不说，还连累了儿女。

许多老年人已经意识到了健康对自己的重要性，因此，不惜花大价钱购买保健品、营养药物，希望借此增强体质，躲避疾病的迫害。当然不能否定保健品与营养药物的重要性，但是这要付出金钱的代价，而且市面上的许多保健品与营养药物并不可靠，有些奸商抓住了老年人渴求保健的心理，制造出许多假冒伪劣的保健品，借此大发横财，任何人都不能保证吃过保健品或营养药物后，就可健康长寿。甚至可以说，购买保健品与营养药物就如同赌博，运气好就可能买到真货，运气不好就只能自认倒霉了。所以，与其将金钱浪费在昂贵的保健品与营养药物上，还不如用它来购买煲汤原材料，以汤水保健强身、延年益寿，岂不是更好的选择？

● 保健秘诀 ●

鉴于老年人的特殊情况，应多喝些具有提高免疫力、补充钙质、通经活血功效的汤品。

● 推荐食材 ●

南瓜、虾、猪脚、鲫鱼、山楂、蘑菇、豆腐等。

相 关 链 接

老年人养生保健法

◆多散步，散步是最好的保健方法。

◆多看书报，勤看书读报能提高老年人的记忆力，让头脑得到锻练的机会，使头脑保持清醒灵活，避免记忆力衰退及老年痴呆症的发生。

◆保证充足的睡眠时间，睡眠可有效改善头脑老化，是驱散头脑疲劳的最佳妙方，老年人应注意提高身体免疫功能。

全家保健汤

推荐汤品 >>

银 鱼瘦肉菠菜汤

【材料】小银鱼、猪瘦肉各200克，鸡蛋1个，水发海米、水发木耳、菠菜各适量

【调料】盐、味精、料酒、酱油、清汤各适量

【做法】1.将银鱼清洗干净，放入沸水中略烫，捞出沥干；猪瘦肉洗净后切成细丝；菠菜择洗干净后切成长段；木耳洗净后切成丝；鸡蛋磕入碗内，用筷子搅散。

2.炒锅置大火上，加入清汤、银鱼、肉丝、海米、木耳、料酒、酱油、盐，煮沸后撇去浮沫，再淋入鸡蛋液，放入菠菜、味精，稍煮片刻即可。

养生专题 近年来，老年人患老年痴呆的概率逐渐提高，而菠菜中含有大量的抗氧化剂，具有抗衰老，促进细胞生长的作用，既能激活大脑功能，又能防止老年痴呆症，老年人可适当多食用些菠菜，这对健康有利。此汤将几种营养成分搭配烹制，使汤品中富含大量的钙质，还适合骨质疏松的老人及更年期女性食用。

南 瓜红枣汤

【材料】南瓜500克，红枣50克

【调料】红糖少许

【做法】1.南瓜去皮，去子，切块状；红枣去核后洗净，备用。

2.将南瓜块与红枣放入锅中，加水煮烂，加红糖调味即可。

养生专题 南瓜的维生素A含量丰富，可提高生殖能力；南瓜含大量果胶，与淀粉类食品一起摄入时，能提高胃内物质的黏度，并调节胃内食物的吸收度，使碳水化合物吸收变慢。中老年男性多吃南瓜子，可防止前列腺肥大。

[重点提示]南瓜不宜和茄子、维生素B_6一块吃。在食用南瓜和南瓜子时，应注意一次不要食用过多，特别是胃热的人宜少吃些，否则，易产生胃满腹胀等不适感。

薏米鸡汤

【材料】净鸡1只，薏米50克，生姜、葱、党参各适量

【调料】盐、胡椒粉、料酒、味精各适量

【做法】1.净鸡洗净去脚爪，放入沸水锅中氽烫，去血水。

2.党参、薏米洗净；生姜洗净拍松；葱洗净切长段。

3.砂锅中加入适量的清水，投入鸡、薏米、盐、生姜、党参、葱、胡椒粉、料酒，大火烧开后，撇去浮沫，改用小火慢炖，3小时后拣出姜、葱，再用味精调味即可。

养生专题

随着年龄的增长，人体的消化功能也随之减退，薏米因其热量较高，而具备促进新陈代谢和减少胃肠负担的作用，健康人经常食用薏米能使身体轻捷，减少肿瘤的发病率；病中或病后体弱者，经常食用可达到滋补的效果；老年人经常食用薏米，可有效改善消化功能。

番茄虾皮汤

【材料】番茄400克，虾皮30克，洋葱末、蒜末各1大匙

【调料】黄油、盐、胡椒粉、奶油各适量

【做法】1.锅中放黄油，加洋葱末炒至微黄时，放蒜末略炒片刻，再加虾皮，炒熟后离火；番茄洗净切块。

2.另起油锅烧热，下奶油化开，加入番茄块，翻炒片刻，倒入清水适量，大火烧开，加炒熟的虾皮、盐、胡椒粉，再次开锅即可。

养生专题

虾皮的营养价值非常高，经科学家研究发现，老年人经常吃虾皮，可预防自身因缺钙造成的骨质疏松症；往老年人的饭菜中放些虾皮，对提高食欲和增强体质都很有好处。此外，虾皮还具有镇定作用，可用来辅助治疗神经衰弱、植物神经功能紊乱等症。

黄 豆猪脚汤

【材料】黄豆200克，猪脚1只，姜、黄花菜各适量

【调料】盐适量

【做法】1.猪脚刮洗干净，切块；姜切片；黄花菜泡发洗净。

2.黄豆洗净，与猪脚、黄花菜、姜片一起放砂锅中，加水煲至猪脚烂熟，最后加盐调味即可。

养生专题 近代医学研究表明，人体胶原蛋白的缺乏，是老年人加速衰老的主要原因之一，及时补充胶原蛋白是预防衰老的一个有效措施。本汤品中的猪脚中，含有大量的胶原蛋白，能有效防治皮肤干瘪起皱、增强皮肤弹性和韧性，对延缓衰老有特殊意义。

[重点提示] 黄豆可以用芸豆或花生仁来替代，也可以加胡椒粉调口味。消化功能不佳、有慢性肠道疾病或大便严重秘结者应尽量少吃黄豆；健康的人也不要一次食用过多（不超过50克），以免肠道胀气。

山 楂墨鱼煲

【材料】墨鱼100克，猪脚1只，山楂50克，姜片、葱花各少许

【调料】料酒、酱油、盐、鸡粉各适量

【做法】1.墨鱼加水煮沸，盖好，焖半天，切成小块，加白酒拌匀，腌渍10分钟。

2.猪脚去净毛，用温水洗净，加水煮沸3分钟，取出洗净；山楂加水浸半天。

3.将猪脚、墨鱼、山楂、生姜同放砂锅中，放料酒、酱油，加水足量，用小火煲2小时。最后加鸡粉再煲5分钟，放葱花、盐即可。

养生专题 心脑血管疾病是破坏老年人身体健康的一大杀手，山楂对预防心脑血管疾病有一定帮助，具有扩张血管、增加冠脉血流量、改善心脏活动、兴奋中枢神经系统、降低血压和胆固醇、软化血管等作用，可称得上是老年人的保护伞。

[重点提示] 孕妇、儿童、血脂低、脾胃虚弱者慎食。

第六节 儿童
ERTONG

● 成员特征 ●

夜啼、水痘、麻疹、急性肾炎、发育迟缓、出鼻血、内火重等，都是孩子最容易患的疾病，给家长造成很大困扰，花了很多钱不说，还让孩子痛苦。如今，保健、养生已成为中老年人生活中不可缺少的一部分，可眼下讲究健康、要吃要补的并不止中老年，儿童保健、养生也不甘落后，为了让孩子健康快乐的成长，家长们不惜花费大价钱给孩子买不同类型的营养品，担心孩子缺少营养素，影响生长发育。

医学专家认为，儿童保健必须讲求科学性，给孩子胡乱补充营养，不但起不到保健、养生的目的，还可能适得其反。有些家长喜欢给孩子购买高蛋白食品，认为这样有助于孩子健康成长，殊不知孩子的消化系统尚未发育成熟，营养过度容易引起消化不了，引发多种疾病。另一方面，有些孩子免疫力低下、体质虚弱，容易被传染上疾病，为了提高孩子的免疫力，家长们常常自选补品，这种做法是不正确的，容易产生负面效果。所以，为了孩子的健康，做家长的千万不要盲目，以免酿成不可挽回的人错。

● 保健秘诀 ●

营养专家认为，生活中最好的补品就是食物，做家长的不妨采用食疗方式，给孩子补充营养。每天煲上一锅营养丰富的汤水，让孩子健康成长，家长也松心许多。

● 推荐食材 ●

菠菜、金针菇、猪肝、鸡蛋、核桃等都是孩子进补最好的天然食品。

相 关 链 接

对小儿嗜睡给与高度重视

嗜睡是中毒的早期症状，做父母的应给于高度重视。小儿常因误服药物、药量过大、服用镇静药物或吸入有毒气体造成中毒，并以嗜睡为主要表现，父母如果不能及时意识到事情的严重性，孩子很可能出现昏迷症状，甚至死亡。

推荐汤品 >>

 菇莼菜汤

【材料】莼菜100克，冬笋50克，冬菇2朵，番茄1个，蘑菇2朵，绿菜叶3根，姜末适量

【调料】高汤、香油、盐、料酒、味精各适量

【做法】1.将莼菜用沸水氽烫，沥水备用；冬菇、蘑菇、冬笋洗净，切丝，用沸水烫熟；番茄洗净，切片。

2.锅内倒油烧至五成热，倒入高汤，放入蘑菇、冬菇、冬笋、莼菜、番茄煮沸，加入盐、味精、姜末、料酒，待再次烧沸后放入绿菜叶，淋上香油即可。

养生专题

莼菜又叫做水葵、水荷叶等，因营养价值丰富，被视为珍贵蔬菜。由于莼菜中含有丰富的锌，因此被誉为"锌王"，是小儿最佳的益智健体食品之一，可有效防治小儿多动症。

 茄豆芽肉片汤

【材料】黄豆芽、番茄、牛肉各200克，姜2片

【调料】A：盐、白糖各2小匙，淀粉半大匙，酱油1大匙

B：盐适量

【做法】1.黄豆芽洗净，沥干水分，用锅炒一炒（不加油），盛起待用。

2.牛肉洗净，沥干，切薄片，加调料A腌20分钟。

3.番茄洗净，切块。

4.烧热锅，加少许油，爆香姜片，下番茄略炒，加入清水，待滚后放入黄豆芽，滚20分钟，加牛肉片煮熟，再用盐调味即可。

养生专题

黄豆芽对儿童发育、预防贫血有较好作用；番茄中又含有丰富的胡萝卜素、维生素B、维生素C、维生素P，可以为儿童生长发育提供多种身体必需的营养元素。

鸡丝芦笋汤

【材料】芦笋罐头1罐，鸡胸肉200克，金针菇50克，嫩豆苗100克，鸡蛋2个

【调料】盐适量，淀粉2大匙，味精半小匙

【做法】1.鸡胸肉切成丝状，用调料拌腌20分钟；芦笋沥干，切成长段；金针菇去根洗净沥干；豆苗洗净；鸡蛋打散拌匀。

2.鸡胸肉氽烫，肉丝散开即捞起沥干。

3.肉丝、芦笋、金针菇同煮，待滚后加盐、味精、豆苗，再煮滚即可起锅。

养生专题

金针菇不仅味道鲜美，营养价值及药用价值也很高。其中赖氨酸与锌的含量都非常丰富，这两种营养成分，对促进小儿智力发育，有很重要的作用。许多国家都将金针菇称作"益智菇"和"增智菇"，小儿经常食用，对开发智力大有好处。

胡萝卜山药煲

【材料】胡萝卜100克，鲜山药50克，炒山楂30克，鸡胗1个（带鸡内金者）

【调料】盐、鸡清汤各适量

【做法】1.胡萝卜切成小块；鲜山药去皮，切小块；山楂放入清水中浸泡。

2.鸡胗刮洗净，切成小块。

3.将鸡胗放砂锅内，倒入鸡清汤，小火炖煮40分钟后，加萝卜块、山药块、山楂、盐，再用小火炖20分钟即可。

养生专题

胡萝卜有下气消食的作用；鸡胗连同鸡内金，可健脾开胃；山药则是健脾补虚的佳品；山楂的主要功能是助消化，几种食材合而煲汤，则可益气健脾，开胃消食，对小儿消化不良、慢性腹泻，有辅助治疗作用。

番 茄芹菜汤

【材料】西芹250克，番茄、土豆各1个，卷心菜适量

【调料】番茄酱、盐、胡椒粒、白糖、奶油各适量

【做法】1.将西芹、番茄、土豆洗净切块；卷心菜洗净撕成小片，备用。

2.锅内放适量清水，再放入切好的番茄、土豆块煮30分钟。

3.加入番茄酱、盐、胡椒粒、白糖、奶油、西芹、卷心菜，开锅后改用小火熬煮15分钟即可。

养生专题 芹菜是一种具有很强药用价值的蔬菜，其含铁量较高，小孩经常食用，可有效预防缺铁；番茄则含有多种维生素，对小孩发育有益；土豆则被誉为"地下苹果"，其中的营养成分相当齐全，且容易被人体吸收；卷心菜也属于健康蔬菜范畴，此汤对小孩子来说，是一款很好的健康饮品。

咸 蛋芥菜猪肝汤

【材料】小芥菜300克，猪肝200克，咸蛋2个，姜1小块

【调料】盐适量

【做法】1.小芥菜洗净，切段；姜去皮、洗净，切片。

2.猪肝洗净，切成薄片；咸蛋切瓣。

3.锅中注水煮滚，放入咸蛋和生姜煮出味，再加入猪肝煮滚，再放入小芥菜、盐拌匀即可。

养生专题 猪肝含铁质十分丰富，能有效地预防缺铁性贫血，可促进幼儿大脑发育和防治佝偻病。

鸡 蛋面片汤

【材料】面粉 400 克，鸡蛋 4 个，菠菜 200 克

【调料】香油、酱油、盐、味精各适量

【做法】1.将面粉放盆内，加鸡蛋液，和成面团，揉好擀成薄片，切成小块待用；菠菜择洗干净，氽烫后切末。

2.锅内倒入适量水煮沸，下揪开的面片，煮熟后，加入菠菜末、酱油、盐、味精，滴入香油即成。

养生专题 该汤品是宝宝断奶前后除母乳或配方奶粉之外添加的良好食品。7个月大的宝宝需要补充不同的热量与营养素，也要学着用餐具进食，训练咀嚼与吞咽能力，作为适应成人饮食习惯的行为准备。

菠 菜牛骨汤

【材料】带肉牛肋骨 300克，牛筋 150 克，菠菜50 克，洋葱 1 个，枸杞子少许

【调料】盐适量，胡椒粉少许

【做法】1.牛肋骨、牛筋洗净，牛肋骨斩块，牛筋切成长条，备用。

2.洋葱对切成4大瓣；菠菜洗净氽烫后切段备用。

3.汤锅烧开水，滚沸后放进牛肋骨、牛筋、洋葱，再次滚沸改小火煮40 分钟，放菠菜，加适量盐调味，菠菜烫熟，撒上少许胡椒粉，用=枸杞子点缀即可。

养生专题 牛骨含有丰富的铁质、钙质和蛋白质，菠菜含有丰富的铁质、膳食纤维等，两者搭配加上牛筋、洋葱煲汤，能够给成长中的青少年最全面的营养。

第五章

赶走

亚健康

当前，亚健康已成了热门话题，人们对亚健康状态颇有想法，暂且不论其看法正确与否，至少人们已经意识到亚健康对人类的威胁。现在，人们的生活水平提高了，家家户户的餐桌上也日益丰盈起来了，五花八门的汤汤水水使人目不暇接，人们开始懂得利用汤饮食疗的方法应对亚健康了。但究竟如何正确地采用汤饮改善亚健康状态，还要讲究一些方式方法。

第一节 **慢性疲劳**
MANXINGPILAO

● 病理剖析 ●

许多人不认为慢性疲劳属于疾病的一种，但科学研究表明：慢性疲劳是亚健康的表现形式之一，调查表明慢性疲劳多出现在发达国家，其致原因素尚不明确，但相关学者通过对慢性疾病的分析，得出了这样的结论：导致慢性疲劳的间接因素有精神高度紧张、情绪波动较大、不良的生活习惯、脑力或体力活动过激，这些不良因素破坏了人体神经系统、内分泌系统、免疫系统，使组织器官功能紊乱。

● 临床表现及危害 ●

从养生的角度来看，长时间处于慢性疲劳状态的人，容易患疲劳综合征，严重时能破坏人体的神经系统、内分泌系统和免疫系统。当然，出现疲劳的感觉，并不一定是疲劳综合征的前期表现，每个人都可能因工作量大、任务急而产生疲劳的感觉。不过，正常人可通过休息来补充体力，睡一觉后，疲劳感会自然消失重新振奋精神。倘若充分休息过后，仍然有疲劳的感觉，这可能就是患慢性疲劳症了。

在生活节奏比较快的现代社会里，许多人不把这种症状视为生病，认为慢性疲劳并不影响正常的工作、生活，其实这不仅严重影响了工作、生活，健康状态也离你越来越远，从此便与亚健康成了形影不离的"朋友"。

倘若让疲劳状态持续3个月或更长时间，身体可能会出现低热、咽喉肿痛、淋巴结肿大、注意力下降、记忆力减退、全身无力等症状。这是身体发给你的信号，如果不及时治疗，后果将不堪设想。

● 养护方法 ●

大多数人都明白病来如山倒的道理，与其让自己的健康防线被疾病攻破，不如平时多加保养，时刻将养生的意识摆在心中首要位置。每天抽出一部分时间，煲一锅具有安神、解乏功效的汤水，久而久之便会体会到其中的美妙滋味。

● 推荐食材 ●

蜂蜜、鲜菇、枸杞子、桂圆、冬虫夏草、芦笋等。

推荐汤品 >>

 草甲鱼煲

【材料】甲鱼1只，虫草8根

【调料】盐、味精、清汤各适量

【做法】1.将甲鱼宰杀去内脏，放入滚水中煮至变色后捞出沥干；虫草用温水洗净备用。

2.将清汤倒入砂锅内，再放入甲鱼、虫草，大火烧开后，改小火慢煲，3小时后，用盐、味精调味即可。

养生专题 冬虫夏草是一种传统的滋补药材，其主要功能是治疗肺肾阴虚引起的疲劳、盗汗等症，与有滋阴补肾、散结消症功效的甲鱼搭配食用，则可达到消除疲劳，增进活力，提高人体免疫力的目的。

杞桂牛肉煲

【材料】枸杞子15克，山药100克，桂圆肉10克，牛肉250克，葱、生姜各适量

【调料】盐、料酒、味精各适量

【做法】1.将枸杞子、桂圆肉分别洗净；山药洗净切块。

2.牛肉放入沸水锅中氽烫3分钟，捞出洗净，切成厚肉片。

3.油锅烧热，倒入牛肉片爆炒，烹入料酒，略炒后起锅。

4.将牛肉、山药、生姜一同放入煲锅中，加入足量的清水，大火煮沸后，改用小火慢煲，2小时后，去生姜，下枸杞子、桂圆肉，继续煲20分钟，即可用盐、味精调味食用。

养生专题 牛肉是强健身体，对抗疲劳的佳品。它的主要功能是补气，其效果可以与补气药材黄芪相提并论，古人认为："牛肉补气、功同黄芪"，本汤品中以牛肉为主要材料，综合枸杞子的补肝肾功效，山药的健脾益肾功效和桂圆肉的补益心脾功效，使该汤品兼具了补精益气，强身提神，缓解疲劳的功能。

161

金针菇肉片汤

【材料】金针菇150克，瘦肉100克，姜2片，胡萝卜数片

【调料】酱油、水淀粉各少许

【做法】1.将金针菇切去根部，冲洗干净，沥干；瘦肉洗净后切薄片，入调料腌制。

2.金针菇、姜片、胡萝卜片一同放入开水中，煮沸后加入腌制好的肉片，继续煲煮，直到肉片烂熟为止，再倒入水淀粉、酱油，搅拌均匀即可。

养生专题

金针菇具有养生保健作用，这种说法已被现代医学证实，经常食用金针菇能抵抗疲劳，抗菌消炎。非常适合气血不足、营养不良的老人和儿童食用。

大球盖菇鸡胗汤

【材料】大球盖菇200克，鸡胗100克，豆苗30克，枸杞子、辣椒各少许

【调料】醋3小匙，胡椒粉、料酒各2小匙，盐1小匙，鸡汤2杯，香油适量

【做法】1.大球盖菇洗净切片，鸡胗去除筋膜切花刀，用料酒腌制10分钟后，用清水洗净，备用。

2.炒锅置火上，加入鸡汤和原料，烧沸后，放入调料慢火炖至入味，淋香油即可。

养生专题

大球盖菇不仅味道鲜美，营养价值也很高，其中富含8种人体必需的氨基酸，还含有丰富的蛋白质及对人体健康有益的糖类、矿物质和维生素，其中维生素PP的含量是甘蓝、番茄、黄瓜的10倍，常食用能有效缓解精神疲劳。

芦笋浓汤

【材料】芦笋300克，土豆2个，蛋黄2个

【调料】盐、胡椒粉各适量，鸡汤1碗，鲜奶油半杯

【做法】1.芦笋洗净，去掉根部；土豆去皮，洗净，切成小丁。

2.锅内添加适量清水，放入芦笋煮5分钟，捞出，将芦笋嫩尖切下备用，其余部分切成段，重新放入锅内，加入土豆丁，再倒入鸡汤，用小火继续煮15分钟。

3.捞出汤里的菜，用搅拌机绞成菜泥；蛋黄中加入鲜奶油，打成蛋液后，与菜泥混合搅匀，倒入汤中，加盐和胡椒粉调好口味，再次烧开，撒入备用的芦笋尖，即可出锅盛入汤碗中。

营养学专家认为，芦笋是健康食品，具有多种保健功效。其中含有的蛋白质、碳水化合物、多种维生素及微量元素的质量要优于很多蔬菜，经常食用能有效缓解疲劳。

清炖蜂蜜木瓜汤

【材料】木瓜300克

【调料】蜂蜜少许

【做法】1.将木瓜去皮、子，切成块状。

2.煲锅中加水，将木瓜块与蜂蜜一起煮20分钟即可。

蜂蜜是一种天然食品，容易被人体吸收，特别适合女性、儿童、老人食用，被誉为"老人的牛奶"。经常食用蜂蜜，可迅速补充体力，解除疲劳，增强机体的抗病能力。

[重点提示] 蜂蜜不得用金属器皿盛放，以免提高蜂蜜中的重金属含量；不宜与茶水同食，否则会生成沉淀物，有害健康；对花粉过敏者，也不宜食用蜂蜜。

第二节 **失眠**
SHIMIAN

病理剖析

所谓失眠，就是指入睡困难，睡眠中易醒及早醒，睡眠质量低下，熟睡时间明显减少或彻夜难眠。

造成失眠的因素很多，常见的有环境因素，如：睡眠环境的突然改变，强光、燥音或温度较高都可能引起失眠；精神因素，因某件事情产生兴奋情绪、担心某些事情变得更糟也可能导致失眠；习惯性因素，不良的生活习惯，如：睡前喝茶、喝咖啡、吸烟、听刺激性音乐或因工作原因，导致生物钟紊乱，都是造成失眠的罪魁祸手；躯体因素，身体不适或身患某种疾病，也会影响睡眠，严重时还可能导致彻夜难眠。

失眠与年龄大小、文化程度、生活习惯、工作环境等有着密切联系。许多人不把失眠当疾病看待，因此，忽略了它的破坏性。

临床表现及危害

进入21世纪的今天，行业之间的竞争决定了人与人之间的竞争，以往安逸的工作环境已经被忙碌、竞争所取代。工作、生活中的种种矛盾使人们的精神处于高度紧张状态。调查表明，随着社会的进步，焦虑症、抑郁症、神经官能征等发病率也在不断上升，失眠则是这些病症的衍生物，也可被视为亚健康的表现形式之一。

长期失眠诱发的疾病包括：身心疲惫、头晕眼花、萎靡不振、困倦乏力、全身不适、反应迟钝、记忆力下降等。总之，如果不及时治疗，失眠将给人们带来极大的痛苦。

养护方法

治疗失眠的方法有多种，有精神疗法、药物治疗法，但就养生的角度来看，食疗法更适合人体需求。每天坚持食用具有强身健体、安神补气、提高睡眠质量的汤水，能有效改善睡眠质量。

推荐食材

莲子、枣仁、人参、黄鱼等。

参甲鱼汤　花山楂汤

【材料】人参1根，虫草、枸杞子、黄芪各10克，甲鱼1只，葱、姜各少许

【调料】盐适量，料酒1大匙，陈皮1块

【做法】1.甲鱼宰杀，去头、爪、内脏，放沸水中烫2分钟，捞出去外皮，剁成小块。

2.向锅内倒入适量的清水，投入料酒、葱、姜，烧滚后放甲鱼，稍煮片刻，捞出备用。

3.姜拍松切片；葱切段，虫草、人参、枸杞子、黄芪用温水洗净。

4.向煲内加入足量的清水，大火烧沸后，放入所有处理好的材料，再将陈皮、料酒倒入煲中，小火慢煮，2小时后，用盐调味即可。

【材料】银花30克，山楂10克

【调料】蜂蜜20克

【做法】1.将山楂去核，洗净；银花用清水冲洗干净，待用。

2.把银花、山楂一同放入砂锅内，加入4碗清水，大火煲煮，直至锅内剩有2碗水时，去渣，加入蜂蜜，拌匀即可。

养生专题 山楂又名红果、山里红等，它能开胃消食，维持胃和血液中钙质的恒定，预防动脉硬化，老年人经常食用，还可增强食欲，改善睡眠，延年益寿。因此，山楂被人们视为"长寿食品"。此外，山楂还具有改善心脏功能、软化血管、利尿、镇静的作用。

养生专题 人参的主要作用是补气，生津，安神。现代药理研究发现，人参对中枢神经系统有某种特殊作用，另外还能增强机体对各种有害刺激的防御能力；甲鱼也可称得上是滋补佳品，与人参搭配煲汤，可达到调节睡眠，提高机体免疫力的目的。

165

桂圆枸杞鸡汤

【材料】净鸡肉400克，桂圆100克，枸杞子25克

【调料】盐适量

【做法】1.将净鸡肉切块；桂圆去壳；枸杞子洗净后浸泡片刻，备用。

2.把鸡肉块投入沸水中氽烫，去血水，捞出与桂圆、枸杞子一起放入锅中，注入适量的清水，大火煮沸后，转小火慢炖，继续煮30分钟，即可用盐调味食用。

养生专题

桂圆中含有多种营养物质，具有安神补血、健脑益智的作用，对失眠、心悸、神经衰弱有很好的食疗功效，身体虚弱、睡眠不实、失眠多梦者，可经常食用。

生地枣仁猪心煲

【材料】猪心1个，酸枣仁15克，生地黄、熟地黄各30克，远志6克，葱适量

【调料】盐、味精各适量

【做法】1.猪心剖开，用温水洗净，备用。

2.酸枣仁、生地黄、熟地黄、远志分别清洗干净，一同放入净纱布包内，扎好布包口，放入清水中浸泡1小时。

3.将猪心放瓦罐中，把纱布包及浸药之水一并倒入瓦罐，大火煮沸后，改用小火慢煲，1小时后，拣去药袋，加葱、盐、味精，继续煮3分钟即可。

养生专题

酸枣仁中含有脂肪油、蛋白质、酸枣仁苷及维生素C等营养成分，具有较好的镇静、催眠作用。它能调节神经中枢，消除烦躁，使心神得以安和。对虚烦不得眠有良好的调节作用；远志也是安神中药材，主要功能是安神益智，常用于治疗惊悸不宁、失眠梦遗等症。

红枣茯苓瘦肉汤

【材料】瘦肉250克，猪脊骨200克，红枣10颗，核桃仁、茯苓、枸杞子各少许，老姜1块，葱1根

【调料】盐适量，鸡粉少许

【做法】1.猪脊骨、瘦肉洗净，斩块；茯苓、核桃肉洗净；葱切花备用。

2.锅内水烧开，放入猪脊骨、瘦肉余烫去血水，捞出洗净。

3.用砂锅装清水，大火煲滚后，放入猪脊骨、瘦肉、茯苓、红枣、核桃仁、枸杞子、老姜，煲2小时，调入盐、鸡粉，撒上葱花即可食用。

【养生专题】大枣中含有丰富的营养物质，是家中常备食材之一，中医认为，大枣具有养心安神的作用，对缓解失眠症状具有较好的作用。而茯苓的主要功效就是健脾渗湿、养心安神，与大枣搭配煲汤，安神功效更佳，有失眠症状者，可常饮此汤。

芦笋黄鱼羹

【材料】小黄鱼净肉250克，芦笋、火腿各50克，姜末1大匙

【调料】A：高汤2大碗，料酒2大匙，胡椒粉2小匙，盐适量

B：水淀粉适量

C：香油少许

【做法】1.小黄鱼处理干净，切成1厘米见方的小丁备用；芦笋洗净切丁备用；火腿切1厘米见方的丁。

2.锅内加调料A及姜末烧开，放入鱼丁煮沸后，撇去浮沫，加入笋丁。

3.再次煮沸1分钟，淋入调料B，待芡汁略有黏性时加入火腿丁。

4.汤熟后用调料C调味即可。

【养生专题】黄鱼中含有丰富的蛋白质、微量元素和维生素，经常食用对人体具有很好的滋补作用。中医认为：黄鱼可有效改善失眠症状，特别适合睡眠不实、贫血、头晕、体虚者食用。

[重点提示]黄鱼属于发物，哮喘病人和过敏体质者要慎食。

 第三节 **精神抑郁**

JINGSHENYIYU

病理剖析

精神抑郁是亚健康人群的常见心理问题，导致精神抑郁的原因很多，如：精神上受到创伤。许多人的心理承受能力比较弱，经不住任何打击，一旦遭遇挫折，类似于事业发展不顺、不被老板重视、人际关系不和等，都可能诱发精神抑郁。精神抑郁的形成与一个人的性格有着密切的联系，性格内向、孤僻、多愁善感、依赖心理较强的人，发病概率相对较高。

临床表现及危害

精神抑郁最重要的表现为情绪低落，并伴有其他表现，其特点为：经常叹气、态度冷淡、对任何事情都不感兴趣、常头痛、心烦、浑身乏力、睡时多梦、腹泻、食欲不振等，情况严重时，会使人产生自杀的念头。

精神抑郁会为个人的工作生活带来很多麻烦，它会改变人的人际关系以及对待生活的态度，甚至企图以结束生命的方式来寻求解脱。

养护方法

对任何疾病来说，治疗不是目的，根本在于预防。与其把钱送到医生的口袋里，不如在平时把钱花在购买有相应疗效的煲汤材料上。对于精神抑郁，我们也要采取相同的积极预防的方式。因此，生活压力较大、精神世界比较脆弱的人，不妨做一下自我检测，倘若你具备以上几种症状，应及时到医院治疗；即使没有精神抑郁，常喝些具有放松精神、改善睡眠、提高食欲等功效的汤水也有很多益处。

相 关 链 接

精神抑郁者的注意事项

◆尝试着多与人们接触和交往，不要独来独往。

◆不妨把自己的感受写出来，然后分析、认识它，那些是消极的、属于精神抑郁表现的，要想办法摆脱它。

◆不要急躁，要以科学的方法进行调整。

推荐食材

百合、人参、莲子、苹果、茼蒿、黄花菜等。

推荐汤品 >>

油条牡蛎汤

【材料】牡蛎250克，油条1根，香菜2根，葱花、姜末各少许

【调料】高汤5碗，料酒、盐各适量，胡椒粉少许

【做法】1.牡蛎洗净，放入加有葱、姜、料酒的开水内快速汆烫后捞出，冷水浸凉；香菜切碎备用。

2.高汤下锅烧开，放入牡蛎、料酒、盐、胡椒粉煮熟，熄火后加入葱花、香菜。

3.油条切碎，回锅炸酥，放凉后，放入汤上即成。

养生专题 含硒的食物可改善精神抑郁问题。心理学家们发现人在吃过含有硒的食物后，普遍感觉精神较好，思维更为敏捷。牡蛎中含有硒元素，精神抑郁者，可常喝以牡蛎为主要食材的汤品，对改善精神状况有很大帮助。

百合冬瓜汤

【材料】蛤蜊150克，冬瓜100克，鲜百合30克，枸杞子少许，生姜1块，葱1根

【调料】高汤、盐各适量，味精、料酒、胡椒粉各少许

【做法】1.鲜百合洗净；蛤蜊洗净；冬瓜去皮切条；生姜去皮切片；葱切段。

2.砂锅中加入高汤，中火烧开后，下入枸杞子、冬瓜、生姜、料酒，加盖，改小火煲15分钟。

3.再投入蛤蜊、百合、盐、味精、胡椒粉，继续用小火煲至蛤蜊开口，撒上葱段即可。

养生专题 晕眩失眠是精神抑郁的表现之一，百合含秋水碱等多种生物碱和营养物质，具有很强的滋补功效，能有效调节病后体弱、神经衰弱等症。与冬瓜一起煲煮，可有效缓解因神经衰弱造成的失眠多梦、睡眠不实等症。

甘草莲心水果汤

【材料】生甘草30克，胖大海2枚，莲子心4克，雪梨2个，百合30克，苹果2个

【调料】冰糖适量

【做法】1.雪梨去蒂、子，切块；苹果去皮切块。

2.甘草洗净，用清水润透，切片；其他原料洗净待用。

3.砂锅内加入适量的清水，投入雪梨、苹果、百合，大火煮滚，下入甘草、胖大海、莲子心继续煲煮，15分钟后用冰糖调味即可。

养生专题

胖大海可生津润燥；莲子心能安神定精；雪梨具有润肺凉心、安神降压的作用；苹果的保健功效更不可忽视，能有效缓解精神抑郁造成的多种症状，本汤品将多种水果与药材结合烹制，既可疏解心情，改善精神状况，又能补充人体所需的各种营养元素，可谓一举多得。

百合牡蛎煲

【材料】新鲜牡蛎肉150克，新鲜百合100克，青苹果1个，生姜末适量

【调料】葡萄酒、味精、盐、料酒各适量

【做法】1.牡蛎去肠取肉，洗净，切碎后放入葡萄酒中腌渍10分钟。

2.百合洗净，掰开；苹果削去心，切成小块。

3.油锅烧至六成热，下生姜末，煸出香味后，倒入牡蛎，加适量料酒，大火快速翻炒3分钟，再加入适量清水，大火烧开。

4.将百合放入瓦罐中，再倒入处理好的牡蛎肉，小火慢煮，待到牡蛎肉熟烂时，放苹果、盐、味精，继续煮5分钟即可。

养生专题

苹果被称为"智慧果"，是因为苹果中含有丰富的糖、维生素、矿物质等，且含有促进智力发育的微量元素"锌"。多吃苹果对健脑益智大有帮助。按中医理论，大脑的思维智力活动与心关系密切，心气虚弱或心血不足，都会影响到智力，因此，益心气，补心血，是益智的最佳途径。

双 参百合煲

【材料】人参5克，海参、百合各30克，枸杞子15克，生姜适量

【调料】冰糖适量

【做法】1.将海参放入40℃左右的温水中浸泡1天，剪开参体，除内脏、泥沙，洗净后放入沸水中煮10分钟，捞出放入清水中浸泡3小时，切成小块，备用。

2.人参切成薄片，放入清水中浸泡10分钟；枸杞子洗净，放入清水中浸泡10分钟；百合放入清水中浸泡半天。

3.将处理好的海参、百合一同放入瓦罐中，加入足量的清水，小火煲1小时。

4.放入人参、枸杞子、生姜、冰糖，继续用小火煲煮1小时，取出姜即可食用。

养生专题

精神抑郁者在忧虑的同时，多伴有神疲乏力、食欲不振、语言低微、大便溏薄、表情呆滞、反应迟钝等症状。医学研究表明，海参中含有大量的脂肪、糖类、矿物质及多种氨基酸，其中精氨酸能维持人体正常代谢，而黏多糖对提高机体免疫力有很好的效果，同时还可抑制肿瘤细胞的生成和转移，其中的流散软骨素，能有效防治冠心病、动脉硬化、心绞痛、心肌梗死。

茼 茼蒿腰花汤

【材料】茼蒿300克，猪腰1副，姜1块

【调料】高汤3碗，香油1大匙，盐半小匙

【做法】1.茼蒿洗净；猪腰对半剖开，切去里面的白色筋条，交叉切花，切成块状（或不切花纹，直接切片）；老姜切丝。

2.高汤倒入煲锅内煮滚，加入香油、盐调味，待汤滚投入茼蒿，最后再加入腰花，至汤再滚时熄火，盖上锅盖闷5分钟左右，待腰花熟透，撒上姜丝即可食用。

养生专题

精神抑郁者大多会出现食欲不振的现象，茼蒿中含有特殊香味的挥发油，有助于宽中理气、消食开胃、增加食欲，其中含有的膳食纤维，可促进胃肠蠕动，简短粪便在体内停留的时间，有效改善食欲不振的现象，精神抑郁者可多食用茼蒿，这对缓解病情很有好处。

第四节 健忘
JIANWANG

● 病理剖析 ●

所谓健忘，是指暂时性的记忆障碍。换种说法就是大脑的思考能力暂时出现障碍。有时这种症状看起来类似于痴呆，但二者具有一定的区别。健忘是短暂的，随着时间的发展会自然消失，而痴呆则是长期的，痴呆是因为整个记忆系统被完全损坏造成的，二者是两种不同的疾病。

健忘的发病原因多种多样，其中年龄是主要因素。随着年龄的增长，人的记忆系统会相对衰退，出现健忘的现象是在所难免的。与年轻人相比，40岁以上的中老年人更容易患健忘症。

记忆力正式下降的阶段在25岁左右，所以，年轻人出现健忘的现象就不足为怪了。有些外部因素也容易诱发健忘症，如：工作压力大、精神高度紧张，使脑细胞产生疲劳，令健忘情形恶化；过度的抽烟、酗酒也容易使健忘情形加重。因此，人们在自我保健的同时应有意识的控制烟酒量。

● 临床表现及危害 ●

健忘的临床表现为：病人的记忆力明显减退，对刚刚发生过的事情，不能清晰回忆起来，如：记不清人名、地点、电话号码等，病情严重时，很可能发展成痴呆。人们不应该将健忘当成小问题处理。

美国神经学家艾里克森博士认为：健忘是老年痴呆的最初表现形式，这是一个渐进发展且不可逆转的过程。由此看来，健忘的危害性非常大，要想预防老痴呆的发生，应该从预防健忘开始。

● 养护方法 ●

中医学告诉人们：食疗比药物治疗更适合人体需求，平日里注意补脑益智、养成良好的饮食习惯，能降低健忘的发病概率。

● 推荐食材 ●

鸡蛋、核桃、猪脑、紫菜、花生、冬虫夏草等。

腐咸鱼汤

【材料】咸鱼头1个，豆腐4块，生姜1片
【做法】1.将咸鱼头、生姜分别洗净，备用。
2.把咸鱼头、生姜片一同放入瓦煲内，加入足量的清水，大火煲半小时，放入豆腐，继续用大火煲煮，20分钟后即可。

养生专题 鱼头是优秀的天然健脑食品，其中DHA的含量高于其他任何天然食品，能为脑细胞增添活力，有效改善记忆力。其中的不饱和脂肪酸，还能有效预防脂肪堆积。

桃龟肉煲

【材料】枸杞子、杜仲各10克，净乌龟1只，核桃肉30克，陈皮15克，黄芪20克，猪骨头200克，生姜适量
【调料】料酒、盐、味精各适量
【做法】1.净乌龟去头、爪、内脏，刮去粗皮，洗净，剁成2厘米大小的块。
2.猪骨头用温水洗净，放沸水中余烫，捞出剁成小块。
3.枸杞子、杜仲、黄芪洗净后，放入布袋内，扎紧口。
4.砂锅内加入适量的清水，置于火上，将猪骨头、龟肉依次放入砂锅，大火烧开后撇去浮沫，投入药袋、核桃肉、陈皮、生姜、料酒，再次煮沸后，改小火慢煮直至龟肉熟烂，用盐、味精调味即可。

养生专题 健忘是劳心过度的一种表征，可通过补养心神的方法予以治疗。核桃肉有健脑的作用，可有效预防失眠，在益智方面也发挥着重要作用。经常食用对提高智力有很好的作用。特别是其富含的磷能为神经细胞提供养分，从而达到延缓大脑衰老、改善记忆力的目的。

菜胡萝卜汤

【材料】紫菜10克，鲜草菇150克，胡萝卜1根，姜片、香菜各少许

【调料】盐适量，鸡粉1小匙

【做法】1.紫菜用清水浸透发开，洗净，沥干；草菇洗净；香菜洗净切末；胡萝卜洗净，切片。

2.锅置火上，加入紫菜、鲜草菇、姜片、胡萝卜煮熟，再放入香菜末调味即可。

养生专题 补充乙酰胆碱是改善记忆力的有效方法之一。紫菜是一种营养丰富的海产品，其中的胆碱成分很丰富，因此具有提高记忆力的功效。而胡萝卜是一种常见的蔬菜，其中胆碱含量也较丰富，与紫菜搭配煮汤，能有效改善健忘症状。

虫 草猪脑煲

【材料】冬虫夏草3克，猪脑髓1个

【调料】盐、高汤、料酒、味精、香油各适量

【做法】1.将新鲜的猪脑髓处理干净；冬虫夏草用清水洗净。

2.把冬虫夏草与猪脑一同放入瓦锅中，倒入高汤，小火煲煮，30分钟后，加盐、料酒、味精、香油，继续煲煮5分钟，即可停火食用。

养生专题 有些医生给患有健忘症的患者推荐猪脑子，研究证实，猪脑子确实具有提高记忆力的功效。古今临床治疗健忘、弱智、眩晕等病症，经常用到猪脑。按照中医的说法，动物的脏器对人体相应的内脏有补益作用，多吃猪脑有助于健脑益智；而冬虫夏草则可补脑强神，有助于防治健忘。

生大蒜排骨汤

【材料】排骨200克，花生米100克，蒜、姜丝各适量

【调料】盐适量

【做法】1．排骨洗净，切开，氽烫，捞出沥干；花生米、蒜、去皮，洗净。

2．全部材料放锅中，加适量水，大火煮开后，小火炖2小时，最后加盐即可。

 养生专题

花生富含的卵磷脂和脑磷脂，是神经系统必需的重要物质，能延缓脑功能衰退，抑制血小板凝集，防止脑血栓形成，其中还含有人体所需的多种氨基酸，常吃有助于提高记忆力，缓解健忘症状。

酸菜煎蛋汤

【材料】泡酸菜50克，鸡蛋2个，番茄1个，菜心适量，葱花少许

【调料】盐适量，鸡粉1小匙

【做法】1．泡酸菜洗净切粒；鸡蛋磕入碗中，打散成蛋液；番茄洗净切片；菜心洗净对剖。

2．锅内放油烧热，倒入蛋液略煎，稍定形后炒散，加入沸水、番茄片煮沸。

3．放入酸菜末、菜心煮出味，放入调料，舀入碗中，撒上葱花即可。

养生专题

蛋黄中所含的卵磷脂被酶分解后，能产生出丰富的乙酰胆碱，进入血液又会很快到达脑组织中，可增强记忆力。研究证实，每天吃一两个鸡蛋可以向机体供给足够的胆碱，对保护大脑，提高记忆力大有好处。

第五节 **便秘**
BIANMI

病理剖析

所谓便秘，是指由于粪便在肠内长时间停留，造成大便干燥、次数减少、排出不畅。通常情况下，两天以上不排便者，可将其视为便秘患者。如果每天都能排便但不是十分顺畅，且排便后感觉尚未排净、腹胀，也可将此情况列入便秘范围内。

一般情况下，直肠里面大部分时间是空的，结肠将粪便传递给直肠后，直肠受粪便的刺激不断扩张，使直肠的压力感受器受到刺激，将排便意识传递给大脑皮层，促使大脑将排便指令传到参与排便的效应器官，完成排便活动。之所以存在便秘疾病，是因为受某些因素刺激直肠壁压力感受器的反应出现故障，排便的相关器官功能失调，肠道的蠕动功能减弱，不能使粪便及时排出，而水分却被过分吸收，导致大便干结形成便秘。

临床表现及危害

便秘具有很强的破坏性，长时间不治疗会诱发多种疾病，如：胃肠神经功能紊乱，出现食欲不振、口臭、口苦等症状；便秘还会影响大脑功能，表现出来的症状为失眠、多梦、烦躁、记忆力下降等；便秘还可引起性生活障碍，特点为：不射精、性欲下降等；便秘的危害并不仅止于以上几点，女性便秘还会反应在脸上，如：面部出现暗疮、色斑、肤色暗淡等。

养护方法

便秘问题说大不大，但说小又不小，属于亚健康的一种表现。治疗便秘的方法很多，但最根本的治疗方法，应属食疗方法中的汤饮治疗，人们只要愿意在百忙中抽出一定的时间，解决便秘问题，将不是一件难事。

推荐食材

芝麻、红薯、土豆、空心菜、蘑菇等。

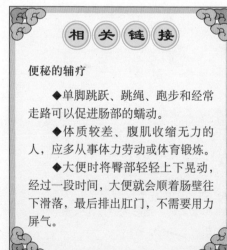

相关链接

便秘的辅疗

◆单脚跳跃、跳绳、跑步和经常走路可以促进肠部的蠕动。

◆体质较差、腹肌收缩无力的人，应多从事体力劳动或体育锻炼。

◆大便时将臀部轻轻上下晃动，经过一段时间，大便就会顺着肠壁往下滑落，最后排出肛门，不需要用力屏气。

推荐汤品 >>

玉米是粗粮中的保健佳品，多吃玉米对健康很有益处。玉米中的膳食纤维含量很高，可刺激胃肠蠕动、加速粪便排泄，防治便秘、肠炎及肠癌等。

玉米浓汤

【材料】玉米酱1罐，鸡蛋1个

【调料】盐1小匙，水淀粉3大匙

【做法】1.鸡蛋打散，加水2大匙调匀备用。

2.锅置火上，注入适量水煮滚，加玉米酱、盐煮滚后淋水淀粉勾浓芡，淋入蛋液煮开即可。

酸菜土豆汤

中医认为：土豆性平味甘，可辅助治疗消化不良、习惯性便秘等症，土豆之所以对便秘有调节功效，是因为土豆中含有大量的膳食纤维，该种物质能有效促进胃肠蠕动，缓解便秘症状。

【材料】土豆300克，四川酸菜100克，山辣椒10个，香葱1根，姜片、葱节各适量

【调料】猪骨头汤1大碗，盐2小匙，香油少许，胡椒粉适量

【做法】1.土豆削皮洗净，切滚刀块；四川酸菜切小薄片；香葱切末。

2.将猪骨头汤和土豆一同放高压锅内，加入姜片、葱节、山辣椒，加盖压10分钟，放气揭盖，拣去姜、葱。

3.将土豆、山辣椒捞入碗内，撒香葱末，滴几滴香油；原汤内放入泡酸菜，加盐、胡椒粉烧开，将汤浇在碗内即可。

马 蹄空心菜汤

【材料】空心菜300克, 去皮荸荠10个

【调料】盐1小匙

【做法】1.空心菜洗净, 切段。

2.荸荠放入汤锅内, 加3碗清水煲滚, 加入空心菜, 再略煮约20秒钟, 加盐调味即可盛起。

养生专题 空心菜又叫做无心菜、通心菜, 含有大量的营养物质。其中膳食纤维的含量非常丰富, 具有促进胃肠蠕动的作用, 能通便、解毒; 空心菜属于碱性食物的一种, 可降低肠道的酸度, 有效预防肠道内的细菌群失调, 降低癌症发病率; 空心菜还具有降低胆固醇、甘油三酯的功能, 因此, 能降脂减肥; 多吃空心菜, 能抵抗金黄色葡萄球菌、链球菌等, 从而预防感染; 夏季食用空心菜, 还能有效预防中暑。

豆 苗鱼丸汤

【材料】鱼丸100克, 豆苗150克, 大蒜10瓣

【调料】盐适量

【做法】1.豆苗洗净待用; 大蒜, 洗净, 拍烂。

2.将油锅烧热, 投入大蒜, 炒出香味后放适量的清水, 煮沸后下鱼丸, 煮熟后再放豆苗, 稍煮片刻用盐调味即成。

养生专题 豆苗是豌豆萌发出2~4个叶子时的幼苗, 营养价值非常高。豆苗中含有较为丰富的膳食纤维, 可有效促进胃肠蠕动, 简短粪便在体内停留的时间, 从而起到清理肠道、预防便秘的作用。

油蘑菇汤

【材料】口蘑、面粉、猪肉各100克，牛奶1杯，炸面包丁少许

【调料】盐、味精、白胡椒粉、料酒、黄油、高汤各适量

【做法】1.口蘑洗净，切片；猪肉洗净，切小块，加适量清水煮开，撇去浮沫，加料酒，再改小火炖熟。

2.黄油放锅中加热，再加面粉炒至黄色。

3.将煮过的猪肉、高汤及牛奶分三次倒锅中，不断搅拌至糊状，然后加高汤，搅拌成稠的汤汁。

4.口蘑片放奶油汤中，煮开，加盐、味精、白胡椒粉调味，最后加炸面包丁即可。

养生专题 口蘑是人们喜爱的蘑菇之一，其保健养生价值非常高。口蘑中含有大量的膳食纤维，具有防止便秘、促进排毒、预防糖尿病及大肠癌、降低胆固醇含量的作用，经常食用还能有效防止发胖。

养生专题 红薯又叫做白薯、番薯、地瓜等，味道甘甜，营养丰富，容易消化，可为人体提供大量热能。红薯中的膳食纤维含量比较高，具有促进胃肠蠕动的作用，对防治便秘非常有益。

红薯菠菜汤

【材料】红薯、菠菜各100克，猪肉150克，姜适量

【调料】盐适量

【做法】1.猪肉洗净切块；红薯洗净，切小块；菠菜洗净，汆烫切段；姜切片。

2.猪肉放开水中汆烫，捞起。

3.猪肉、红薯、姜片放砂锅中，加清水煲20分钟后放菠菜煮熟，最后加盐调味即可。

第六节 内分泌失调

NEIFENMISHITIAO

● 病理剖析 ●

　　内分泌是人体生理机能的调控者，它通过分泌激素在人体内发挥作用，维持人体正常的新陈代谢。内分泌系统是分泌各种激素的主要器官，与神经系统一起调节人体的新陈代谢。通常情况下，人体的各种激素是保持平衡的，如果这种平衡被某些因素打破，会造成内分泌失调，诱发多种疾病。

　　中医在治疗内分泌失调的过程中，主要根据每个人的体质及身体状况进行辨证治疗，分清患者属于寒、风、暑、湿等外邪中的哪一类，再配合实、虚、阴、阳、气、血等方法，进行有针对性的调理，调理过程中，以清除体内淤积、平衡气血为主。而调理所采取的方式，大多以食疗为主，药物治疗为辅，当然这只是针对病情较轻者而言。

● 临床表现及危害 ●

　　内分泌失调造成的危害严重与否，和生理病变的腺体有关，不同部位的病变影响的激素不同，因此，疾病的表现危害也不尽相同。内分泌失调现象在女性中普遍存在，给女性的生活与精神带来了许多困扰。女性内分泌失调会引发多种疾病，概括说有黄褐斑、肥胖、乳房肿块、子宫肌瘤、月经不调、痛经、闭经等，严重时还可导致不孕不育。

● 养护方法 ●

　　调节内分泌的方法多种多样，饮食调理就是其中一种，也是中医提倡的一种治疗方法，人们可根据个人自身情况，选择适合自己身体状况的食材，煲出健康汤品。

● 推荐食材 ●

　　海带、百合、桂圆等。

相关链接

　　"内分泌失调"是激素不稳定的象征，中西医对此都规划出了自己的治疗方案。调节内分泌除了从饮食上入手外，还可以加强运动，必要时辅以药物治疗。要养成良好的生活习惯，除多吃新鲜果蔬、高蛋白类的食物之外，还应多参加各种体育运动，以加强体质。保证充足的睡眠，不熬夜、过度饮酒，对调理内分泌有较好的作用。

推荐汤品 >>

芋头海带鱼丸汤

【材料】芋头1个，鱼丸10个，干海带少许，香菜适量

【调料】盐、白糖、白胡椒粉各少许

【做法】1.芋头去皮切大块；海带提前用凉水泡开，洗净，切成粗丝；鱼丸对半切开。

2.锅里加水，倒入芋头，大火煮开，中火煮至将熟的时候，加海带、鱼丸，用盐、白糖、白胡椒粉调味，再煮十几分钟，撒香菜即可。

养生专题 海带素有"含碘冠军"的美称，其中碘的含量极为丰富，能刺激垂体，使女性体内雌激素水平降低，恢复卵巢的正常功能，纠正内分泌失调，消除乳腺增生的隐患。

百合桂圆牛腱汤

【材料】新鲜百合2个，新鲜桂圆10个，牛腱肉300克，生姜适量

【调料】盐适量

【做法】1.将鲜百合洗净；桂圆去壳、核，取肉，备用；牛腱肉洗净，切片，放入废水中汆烫，捞出备用。

2.生姜洗净，去皮，切片。

3.将砂锅置于火上，加入适量的清水，大火烧开后，投入全部材料，中火煲约2小时，用盐调味即可。

养生专题 内分泌失调会诱发多种疾病，如黄褐斑、月经不调、子宫肌瘤等症，研究发现，桂圆可有效抑制子宫肌瘤，经常食用桂圆对改善内分泌失调大有帮助。将桂圆与百合搭配烹制，使该汤品兼具了消除褐斑、美白肌肤的功效。

第七节 脱发 白发
TUOFA BAIFA

● 病理剖析 ●

白发与脱发之间并没有直接联系，但由于精神因素致使中枢神经系统长期处于紧张状态，植物神经功能紊乱，皮肤血管神经功能失调，头发无法吸收营养，这个因素将白发与脱发连在了一起。调查研究表明，造成白发的主要原因是精神紧张，导致神经衰弱。长期的精神紧张、神经衰弱及过度忧虑，会令为头发提供养分的血管发生痉挛，迫使发根分泌的黑色素减少，出现白发现象。偏食挑食、饮食单调、患有慢性病都可能成为致病原因。

● 临床表现及危害 ●

白发、脱发从根本上讲是因为人体气血亏损、肾虚早衰造成的，一旦患有白发或脱发，不仅影响外在形象，还可能诱发其他疾病。许多爱美患者，经常使用染发剂，这对头发的损害更大。脱发患者所使用的外用涂抹剂副作用较大，对人体也有一定程度的伤害。

● 养护方法 ●

当前，医学发展较快，白发、脱发已不再是顽症。临床试验表明，许多药物都对治愈这两种疾病有帮助。但，是药三分毒，毒素沉积过多同样会影响健康。与其使用药物治疗，不如选择汤饮疗法。不要小看这不起眼的一碗汤，只要能坚持饮用，便能缓解脱发、白发的症状。

● 推荐食材 ●

海带、黑芝麻、何首乌、核桃仁等。

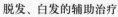

相 关 链 接

脱发、白发的辅助治疗

◆运动辅疗：按摩头部，使头部血流量增加，有助于防治脱发秃顶。

◆芳香疗法：平时洗澡时，可将洋甘菊5滴滴于水盆中，浸泡头发3~5分钟，不但能使头发健康、亮泽，而且能散发出好闻的檀香味道。

乌黑豆煲鸡爪

【材料】鸡爪8只，猪瘦肉100克，黑豆20克，去核红枣5颗，首乌10克

【调料】盐适量

【做法】1.鸡爪斩去趾甲，洗净，放入沸水中氽烫，捞出后过冷。

2.将猪瘦肉洗净备用；红枣、首乌洗净备用。

3.将黑豆洗净，放入干锅中炒至豆壳裂开时盛入盘中，待用。

4.把处理好的所有材料，全部放入煲内，加入适量的清水，小火慢煲，3小时后，用盐调味即可。

养生专题 中医认为，何首乌味甘苦涩，性微温，归肝、心、肾经。具有补肝、益肾、养血、祛风的作用。可用于治疗肝肾阴亏，发须早白，血虚头晕，腰膝软弱、筋骨酸痛、遗精、崩带、慢性肝炎等症。现代医学研究表明，何首乌对治疗糖尿病也具有一定的辅助功效；恰当的食用何首乌，还可以达到改善动脉粥样硬化的目的，还能有效改善老年性便秘。另外，何首乌对结核菌、痢疾杆菌也有抑制作用。

芝麻猪脚汤

【材料】猪脚1只，黑芝麻100克

【调料】盐适量

【做法】1.黑芝麻用水洗净，放在干锅中炒熟，碾成粉末，备用。

2.猪脚去毛洗净、切块，放入沸水中氽烫，备用。

3.向煲中倒入适量的清水，大火煮沸后放入猪脚，中火烧开后，改成小火慢煮，1小时后，放入盐，搅拌均匀便可停火，最后向汤中撒入芝麻末即可。

养生专题 芝麻又叫胡麻，古代营养学家陶弘景对它的评价是"八谷之中，惟此为良"。这说明，芝麻的营养价值优于其他谷物。黑芝麻对因身体虚弱、早衰引起的脱发，有良好的食疗效果，对药物性脱发、某些疾病引起的脱发也有一定的食疗作用。

四 季豆芋头汤

【材料】芋头300克，鱼肚200克，四季豆50克，白果少许

【调料】盐、鸡粉、高汤各适量

【做法】1.芋头洗净、去皮，切成块备用。

2.鱼肚泡发后，洗净备用。

3.四季豆洗净，切成段备用。

4.锅内倒入高汤，下入所有材料煮熟，放入盐、鸡粉调味即可。

养生专题 维生素能维持健康气色与肤色，对湿疹、皮肤癣、皮肤炎等症亦有疗效。B族维生素还能防止白发、脱发，美发效果佳。四季豆中B族维生素含量较丰富，对缓解白发、脱发有帮助。

芝 麻桃仁猪肝汤

【材料】猪肝250克，芝麻、枸杞子、女贞子、核桃、姜丝、葱段各适量

【调料】盐、淀粉各适量

【做法】1.将猪肝洗净，切片，撒上淀粉抓匀，备用。

2.锅置火上，放入适量清水，投入芝麻、枸杞子、女贞子、核桃，大火煮开后，改中火慢煮，20分钟后关火，取其汤汁备用。

3.将猪肝、姜丝、葱段投入汤汁中，大火煮开，片刻熄火，撒入盐调味即可。

养生专题 芝麻、核桃、枸杞子、女贞子、都是滋补肝肾的良品，对肝肾虚弱者有良好的滋补功效，可有效预防少白头。猪肝中维生素的含量也很高，能使白发变黑，改善脱发现象，两者搭配同食，效果极佳。

核 桃仁山楂汤

【材料】核桃仁100克，干山楂少许

【调料】白糖适量

【做法】1.将核桃仁、干山楂用水浸软。

2.用搅拌机将核桃仁和干山楂打碎，再加适量水，过滤去渣。

3.将滤液煮沸，加入白糖调味即可。

养生专题

核桃被誉为"万岁子"、"长寿果"，附有较高的营养价值。核桃仁中的脂肪，主要是亚麻油酸，是人体理想的肌肤美容剂，经常食用可润泽肌肤、乌须发，非常适合头发过早斑白者食用。

[重点提示] 核桃含有丰富的维生素B、维生素E及卵磷脂，不但能够健脑，还可以滋阴补肾，改善泌尿系统。对经常尿床的孩子来说，每晚睡前饮用核桃汤，可改善尿床现象。

海 带排骨汤

【材料】猪排骨400克，海带150克，葱段、姜片各适量

【调料】盐、黄酒、香油各适量

【做法】1.将海带浸泡后，放笼屉内蒸约半小时取出，再用清水浸泡4小时，彻底泡发后，洗净沥干，切成长方块。

2.排骨洗净，用刀顺骨切开，横剁成4厘米长的段，入沸水锅中氽烫，捞出用温水泡洗干净。

3.净锅内加入1000克清水，放入排骨、葱段、姜片、黄酒，用旺火烧沸，撇去浮沫，再用中火焖烧约20分钟，倒入海带块，然后用旺火烧沸10分钟，拣去姜片、葱段，加盐调味，淋入香油即成。

养生专题

头发的黑亮光泽，与体内甲状腺素分泌的多少有关，海带中含有丰富的碘，能有效刺激甲状腺素的分泌。

病理剖析

耳部疾病常被人们视为小问题，殊不知，这小问题也会引发大疾病，耳鸣就是一个实例。所谓耳鸣，是指患者耳内或头内自觉发出声音，音调或高或低，这是由听觉机能紊乱引起的。其实，引发耳鸣的原因很复杂，可将耳鸣分为主观耳鸣与客观耳鸣，主观上能感觉到的称之为主观耳鸣；客观存在的可称之为客观耳鸣。通常情况下，客观耳鸣比较多见，它是由耳朵疾病引起的。

由耳部病变引起的耳鸣常与耳聋或眩晕同时存在，由其他因素引起的，则不伴有耳聋或眩晕。由耳部疾病引起的耳鸣，医学上称之为耳源性耳鸣。这种耳鸣会发出比较低沉的嗡鸣声，并伴有耳聋或眩晕症状，当然，也可能出现高音调的声音；由其他因素引起的耳鸣，不伴有耳聋或眩晕的症状。

临床表现及危害

有些人不把耳鸣当回事，但小小的耳鸣也能诱发严重的疾病，中耳炎就是其中之一。

影响听力

倘若久鸣不治，听力会逐渐下降，影响人的正常工作与生活。

影响正常生活

丧失与他人交往的欲望，影响人际关系，从而造成心理压力，而心理压力过重，又会加重病情，如此恶性循环会给患者带来更大的痛苦，如：失眠、健忘、忧郁等。

导致内分泌失调

严重的耳鸣会导致内分泌失调、免疫力低下，进而影响人体其他器官的正常工作。

养护方法

中医研究表明，汤饮具有致病与防病的作用，耳鸣患者不妨采用汤饮疗法，赶走疾病，还自己一个轻松、自由的生活空间。

推荐食材

皮蛋、番茄等。

推荐汤品 >>

菜蟹棒汤

【材料】菠菜250克，蟹棒50克，冬菇3朵，鸡蛋2个

【调料】高汤、水淀粉、盐、香油各适量

【做法】1.菠菜洗净，汆烫后晾凉，放入果汁机中打成菠菜汁；蟹棒切小丁；冬菇在温水中泡10分钟后取出切小丁；鸡蛋去蛋黄取蛋清打成泡。

2.高汤加热，加入菠菜汁、蟹棒、冬菇丁及盐煮开，用水淀粉勾薄芡，再淋蛋清汁。

3.出锅前淋上香油，即可食用。

养生专题 缺铁易使红细胞变硬，运输氧的能力降低，耳部养分供给不足，可使听觉细胞功能受损，导致听力下降。因此，补铁是预防耳聋耳鸣的第一要素。菠菜中含铁量较高，常喝此汤可预防耳聋耳鸣的发生。

片皮蛋汤

【材料】鲜鱼肉100克，皮蛋1个，豆腐300克，姜1片，香菜少许

【调料】A：料酒1小匙

B：柴鱼精半小匙，盐、白胡椒粉各少许

【做法】1.鱼肉切片；皮蛋及豆腐切块；香菜切段。

2.用料酒爆香锅后加入水、姜片、皮蛋、豆腐，再煮2分钟后加入调味料B。

3.放入鱼肉与香菜煮沸即可。

养生专题 皮蛋又叫松花蛋，营养价值较高，其中氨基酸含量比鲜鸭蛋高11倍；氨基酸总数及矿物质含量也比鲜鸭蛋多；皮蛋的特殊风味，使它能刺激消化器官，增进食欲，其中的营养物质容易被人体吸收，从中起到中和胃酸，清凉，降压的作用。对眼痛、牙痛、高血压、耳鸣、晕眩等疾病，有辅助治疗作用。

第九节 口臭
KOUCHOU

病理剖析

口臭是比较常见的口腔问题之一。

现代医学研究表明，口臭的形成是因为自身机体的免疫能力降低，导致内脏功能失调，无法抑制产生口臭的病原微生物，促使病原微生物大量繁殖，当达到一定程度时，气体会进入血液，并被血液运送抵达肺部、胃部，经口腔与鼻腔排出体外。千万不要认为口臭是个小毛病，它可是传达其他疾病的信号。

临床表现及危害

口臭的临床表现为，口腔经常性或阶段性发出异常气味。多年以前，人们就提出了口臭是否属于疾病的疑问，用现代医学的眼光看，口臭属于亚健康范畴，但时间长了会诱发多种疾病，影响健康状态。

影响个人心情

实验表明，口臭不但会令人感觉烦躁、消极自卑，还可能降低人的判断能力。

影响人际关系

任何人都不愿意与有口臭的人交谈，这已成了不争的事实，就此看来，口臭不但会影响个人心情，也会破坏自己在别人心目中的形象，影响人际关系。

加重口腔疾病

调查表明，口臭严重者的口腔疾病发病率要高于常人。

养护方法

治疗口臭可以采取药物、饮食搭配食用的方法，除了听从医嘱外，还可以长期服用具有清理口腔、健胃消食功效的汤水，这对快速治疗口臭症状有较好的辅助作用。

推荐食材

萝卜、核桃、羊肉、鸡枞等。

推荐汤品 >>

菇酸菜鱼汤

【材料】平菇200克，净鲫鱼1条，酸菜100克，泡椒、姜片、蒜瓣、香菜各少许

【调料】盐1小匙，鸡粉、白胡椒粉各半小匙，料酒1大匙，高汤2碗，花椒水少许

【做法】1.平菇择净撕片；净鲫鱼用盐、料酒、花椒腌制30分钟，放入热油锅中，煸至金黄。

2.炒锅置火上，倒入适量的色拉油，烧热后投入泡椒、姜片、蒜瓣、酸菜，翻炒均匀后淋入料酒，加入盐、鸡粉继续翻炒，5分钟后注入高汤，放入鲫鱼、平菇、白胡椒粉，继续煲煮，直至汤白为止，撒上香菜即可食用。

养生专题 近代医学研究表明，平菇中含有多种养分及菌糖、甘露醇糖、激素等，可有效改善人体新陈代谢，增强人体抵抗力，调节植物神经功能，对口臭有间接治疗作用。此外，平菇还含有侧耳毒素和蘑菇核糖核酸，经药理研究证明，平菇具有抗病毒的作用，能有效抑制病毒素的合成和繁殖。平菇中的多糖体，具有抗肿瘤细胞的作用，对肿瘤具有很好的抑制作用，且具有免疫特性。

桃薏米汤

【材料】核桃仁、薏米各70克，枸杞子15克，去核红枣适量

【调料】白糖适量

【做法】1.将核桃仁洗净，放入清水中浸泡；红枣洗净；薏米、枸杞子分别洗净备用。

2.锅中放入适量的清水，投入核桃、薏米，大火煮沸后改中火慢煮，40分钟后，投入红枣、枸杞子，再次煮沸后，改用小火煮，30分钟后用白糖调味即可。

养生专题 该汤品可从两个方面改善口臭症状，一方面利用核桃的健胃功效，为胃提供足够的营养成分，提高其消化功能；令一方面，利用薏米能提高机体免疫力的作用，加强机体对病毒的抵抗能力。将核桃与薏米有机结合起来，提高了该汤品的保健功效，口臭患者，可经常饮用。

清 热消滞汤

【材料】淘米水2碗，香蕉2根，芒硝15克

【调料】冰糖适量

【做法】1.将淘米水沉淀1小时，除去上层较清之水，留下层较浊之水约2碗。

2.加入香蕉煮成汤，然后下芒硝。

3.最后用冰糖调味，待凉即可。

养生专题

香蕉是人们喜爱的水果之一，营养价值高、热量低，又含有丰富的蛋白质、糖、钾、维生素A和维生素C，同时膳食纤维含量也很高，可为人体提供必需的营养成分，从而达到提高免疫力、改善口臭的目的。荷兰科学家研究发现，香蕉中含有一种特殊的氨基酸，能帮助人们调节心情，缓解压力，睡前吃香蕉，还有镇定的效果。

鸡 枞鱼头汤

【材料】鸡枞菌300克，鱼头1个，党参1根，天麻片10克，红枣30克，油菜1棵，葱、姜丝各少许

【调料】盐1小匙，料酒2大匙，胡椒粉半小匙，蘑菇浓汤2碗

【做法】1.鸡枞菌去根洗净纵切；鱼头洗净用料酒略腌，备用。

2.油锅烧热，放入鱼头，两面分别煎成金黄时，投入葱丝、姜丝，加入蘑菇浓汤、鸡枞菌、天麻、党参、红枣、油菜、胡椒粉、盐，煲至入味后，即可食用。

养生专题

鸡枞含有丰富的营养物质，如：钙、磷、铁、蛋白质等，具有提高机体免疫力的作用，能健脾和胃，增进食欲，缓解口臭，对人体具有很好的滋补功效。

[重点提示]患有感冒或胃肠疾病者，不宜食用。

鳕鱼海带豆腐汤

【材料】新鲜鳕鱼1块（约300克），嫩豆腐半盒，干海带适量，葱花1大匙

【调料】柴鱼片1小包，味噌2汤匙，盐适量

【做法】1.鳕鱼洗净，切块；豆腐切小块；海带用温水泡发，洗净。

2.在汤锅内烧滚四五杯水，放入柴鱼片即关火，5分钟后，捞出柴鱼片。

3.汤内放入鳕鱼块和豆腐，煮滚后改小火，煮约4分钟，放入干海带。

4.将味噌放在小筛网中，再将筛网放入汤内，用汤匙磨压味噌，使其溶解到汤内，煮至再滚时用盐调味，撒葱花即可。

养生专题 近年研究发现，海带中含有高效的消除臭味的物质，其除臭的效果是现有口臭抑制物黄酮类化合物的3倍，因此，患有口臭的人，常食海带有消除口臭作用。

萝卜白菜汤

【材料】大白菜、白萝卜各200克，嫩豆腐150克，黄瓜片50克，番茄片、葱花各适量

【调料】盐、味精、香油、豆瓣酱各适量

【做法】1.大白菜洗净，去根切块备用；白萝卜去皮洗净，切片备用；豆腐焯一下，切块备用。

2.锅内放油烧热，放入豆瓣酱炒香，放入味精、葱花，装入小碟中，做成蘸料备用。

3.另起锅，加油烧热，放入萝卜片炒几下，再加入大白菜同炒，加水、黄瓜片、番茄片，用大火煮至萝卜、白菜酥烂，放入豆腐，加少许盐，稍煮，加入味精，淋入香油调味即可蘸料食用。

养生专题 口臭产生的主要原因在于人体的免疫力下降，致使内脏功能失调。因此，要想治愈口臭，应从提高机体免疫力开始。萝卜能诱导人体自身产生干扰素，从而达到增加机体免疫力的目的，口臭患者可经常食用萝卜，这对改善病情大有帮助。

第十节 食欲不振
SHIYUBUZHEN

病理剖析

治病先治本，要想增强食欲首先应找到食欲不振的根源，然后对症下药。引发食欲不振的原因很多，常见的有以下几点：

精神过度紧张

当前，由于生活节奏比较快，人的神经常处于紧张状态，因此，失眠、焦虑等紧张情绪便油然而生了，致使胃酸分泌不均衡，导致食欲不振。

劳动量过大

不管是脑力劳动还是体力劳动，都必须适量，一旦劳动强度过大，就会引起胃壁供血不足，胃液分泌失调，胃功能降低，引起食欲不振。

酗酒吸烟

人人都知道，大量饮酒、吸烟对身体有害，酒精不但会破坏味觉神经，还会损伤胃黏液，患有胃病的人，大量饮酒会加重病情，严重时能造成胃和十二指肠穿孔；烟雾对胃黏膜的危害并不小于饮酒，由吸烟引起的胃病也很多，慢性胃炎就是其中之一。

暴饮暴食

胃的承载容量是有限的，一味的暴饮暴食只会增添胃的负担，影响胃液分泌，因此，食物会长时间停留在胃里，轻则损害胃黏膜，重则造成胃穿孔。

临床表现及危害

食欲不振的临床表现为：不思茶饭、精神低落、胃部胀满等，久而久之，会诱发多种胃病。

养护方法

胃是消化系统中的重要器官，造成食欲不振的原因大多是胃受到了损伤。治疗过程中，一些药物也会对胃造成伤害。因此，得了胃病最好不用刺激性药物治疗，汤饮疗法是治疗胃病的首选方法，即方便又安全，且不用花大量的金钱，只要花费一些时间去选择适当的煲汤材料就可以了。

推荐食材

大头菜、鱼、萝卜、番茄等。

片豆苗汤

【材料】草鱼中段500克,豆苗200克,鸡蛋清半个

【调料】A:盐半小匙,淀粉1小匙

B:高汤5碗,盐1小匙,胡椒粉、香油各少许

【做法】1.草鱼去皮、剔骨,取净肉切片,拌入鸡蛋清和调料A腌10分钟;豆苗择除老叶,将嫩芽洗净备用。

2.高汤烧开,先熄火,再逐个放入鱼片,改小火煮至鱼片浮起时,加入B中的剩余调料及豆苗即可。

草鱼中含有丰富的不饱和脂肪酸,可促进血液循环,是心脑血管患者的理想补品,对于身体瘦弱、食欲不振的人来说,经常食用草鱼,可以开胃消食,提高食欲。草鱼中富含的硒元素,具有抗衰老、养颜的神奇功效,经常食用,可满足人们的爱美欲望,同时,还可达到抵抗肿瘤,预防癌症的效果。

瓜 皮排骨汤

【材料】西瓜皮200克,猪排骨100克

【调料】盐适量

【做法】1.西瓜皮洗净,削去外皮,切成丁。

2.猪排骨洗净,跺成小段,放入沸水中汆烫熟,捞出备用。

3.向煲内注入适量清水,大火煮沸后,投入处理好的西瓜皮、猪排骨,小火慢煮,30分钟后,用盐调味即可。

养生专题

中医认为:西瓜皮性寒,味甘,有清热解暑、除烦止渴、利小便的功效。常吃可帮助消化,增进食欲,促进代谢,滋补身体。

[重点提示] 西瓜属寒凉之物,过分的寒凉刺激会减弱胃肠的蠕动能力,因此,脾胃虚寒、消化不良及患有肠道疾病者应少吃。另外,心衰或肾炎患者也应少吃。

番茄洋葱汤

【材料】番茄2个，洋葱半个，葱1根

【调料】高汤4碗，盐适量

【做法】1.洋葱去皮洗净切片；番茄洗净先以热水汆烫去皮再对半切块；葱切花。

2.高汤和洋葱片、番茄块一起下锅，煮开后改小火煮30分钟，加盐调味，撒上葱花即可。

养生专题

中医认为：番茄性味甘酸微寒，有生津止渴，健胃消食的作用，可有效改善食欲不振的相关症状，经常食用，可令人胃口大开。

[重点提示] 急性肠炎、菌痢及溃疡病人不宜食用。

苋菜鱼汤

【材料】苋菜150克，小黄鱼净肉250克，春笋50克，姜末适量

【调料】高汤、盐、料酒、胡椒粉、水淀粉、火腿末各适量

【做法】1.苋菜洗净备用；小黄鱼切成1厘米见方的小丁备用；春笋洗净切丁备用。

2.锅内加高汤、姜末、鱼丁、笋丁、料酒、盐和胡椒粉烧开。

3.撇去浮沫，再烧开1分钟，淋上水淀粉，待芡汁略有黏性时下入苋菜。

4.待苋菜断生至熟，撒上火腿末略煮即可。

养生专题

中医认为：黄鱼具有健脾开胃的作用，可有效治疗食欲不振，胃肠蠕动性不佳者可常吃，健康人经常食用，也可达到滋补功效。

水 萝卜蘑菇汤

【材料】水萝卜200克，白玉菇、蟹味菇各50克，熏里脊肉150克，洋葱半个

【调料】盐适量，味精少许，奶油高汤8碗

【做法】1.水萝卜去根、缨洗净，切厚片；洋葱洗净，切块；熏里脊肉切片；蟹味菇、白玉菇洗净待用。

2.把洋葱片放入锅中，炒软后倒入奶油高汤，放入所有材料，大火煮沸后，放入盐、味精，煮至入味即可。

养生专题

用水萝卜煲汤，可有效治疗因消化不良、食积内停导致的食欲不振、大便不畅、便秘。与白玉菇、蟹味菇搭配烹制，使该汤具备了抗癌增智、消食健脾、润肤美容、降低胆固醇、增强循环功能、稳定血压、防止伤风感冒的作用。

番 茄玉米汤

【材料】玉米粒200克，番茄2个，香菜末少许

【调料】盐适量，胡椒粉少许，奶油高汤6碗

【做法】1.番茄投入开水中略烫，捞出后去外皮、子，切丁备用。

2.将奶油高汤倒入锅中，投入玉米粒、番茄丁盐、胡椒粉，煮5分钟，撒入香菜末即可。

养生专题

番茄中所含的番茄素，具有利尿和助消化的作用。番茄性味甘酸，常吃可调中开胃；玉米中含有大量的膳食纤维，可刺激胃肠蠕动，加速粪便排泄，二者搭配煲汤，可将健胃消食的功效发挥得淋漓尽致。

195

南瓜香菜汤

【材料】南瓜100克，牛肉200克，番茄1个，甜玉米罐头半罐，香菜、葱花、蒜末各少许

【调料】鸡蛋液1碗，盐适量，鸡粉半小匙

【做法】1.南瓜洗净切开去子、皮，切丁；甜玉米开罐沥干水；番茄洗净放入开水中汆烫去皮、子，切丁。

2.将牛肉洗净剔净筋膜，用搅肉机搅打成肉泥，加入鸡蛋液、盐、鸡粉搅拌均匀。

3.油锅烧热，将肉馅制成牛肉丸子，小火炸至丸子熟透，捞出备用。

4.锅内留少许底油，烧热放入葱花、蒜末炒香，下入南瓜炒软，加入适量清水煮沸后，下入番茄丁、甜玉米粒、牛肉丸子煮至熟透，加盐调味，撒入香菜末即可。

养生专题　中医认为，香菜辛温香窜，内通心脾，外达四肢，辟一切不正之气，为温中健胃养生食品。日常食之，有消食下气，醒脾调中的作用。

大头菜排骨汤

【材料】大头菜2根，排骨200克，香菜适量

【调料】盐半小匙

【做法】1.排骨洗净，用热水汆烫，去血水捞起沥干。

2.排骨加水3碗，煮滚后改小火焖约10分钟。

3.大头菜削除外皮，切滚刀块。

4.切好的大头菜放入排骨汤内，继续焖煮约10分钟，大头菜熟后，加盐调味，撒上切好的香菜即可盛出。

养生专题　大头菜属于芥菜类蔬菜，含有一种硫代葡萄糖苷，该物质水解后能产生挥发性芥子油，可加强胃肠的消化吸收功能。芥菜类蔬菜还具有一种特殊的清香气味，能增进食欲，帮助消化，食欲不振者可经常食用。

第六章

鲜汤

祛百病

○ ○ ○

『鲜汤祛百病』的说法，并非毫无依据，早在几千年以前，中医就已经验证了这种说法，并将其记载在中医典籍中，一直流传至今。然而，现代生活中，大部分人只是明白汤饮治病的道理，却迟迟不肯行动，更不用说持之以恒了，因此埋没了汤的重要作用。人们应该尽量减少药物的摄入量，既然食物能赶走疾病，且对身体毫无损伤，又何乐而不为呢？

第一节 支气管哮喘
ZHIQIGUANXIAOCHUAN

● 专家解析 ●

中医认为支气管哮喘是一种发作性疾病，很多因素都可能导致支气管哮喘发作，如：风寒、风热、饮食不节等。一般情况下，支气管哮喘可分为发作期和缓解期两种，根据发作期的临床表现又分为寒哮和热哮两种。

支气管哮喘病多发于冬季，不过夏季是该病的缓解期，虽然没有发病也不能忽视，必须及时预防。中医认为，要达到预防支气管哮喘的目的，应从补肺、脾及肾入手。

西医认为哮喘是一种以支气管平滑肌痉挛为主要变态反应性疾病。其发病原因与个人体质、外界的感染源以及遗传因素有关，在治疗方面，应以服吸入性类固醇为主。

西医提醒支气管哮喘患者，尽早戒烟限酒、少出入公共场所、避免接触感染源及病毒、注意气候变化，病情严重者，可随身携带吸入性类固醇。

● 临床表现或危害 ●

病情较轻者，发病时伴有呼吸困难、胸闷及咳嗽的情况发生；病情较为严重者，发病时伴有干咳或咳嗽时出现大量白色泡沫痰，甚至出现发绀现象。哮喘症状出现的速度非常快，可能在短短几分钟内发作，延续数小时甚至数天。

过敏性支气管哮喘在反复发作程中，会破坏呼吸道，使其抵抗力降低，诱发呼吸道感染，倘若此类患者的患病史较长，会引起阻塞性肺气肿，进而引发动脉高压和肺心病。哮喘病情非常严重者，还可能在几分钟甚至几小时内猝死。

● 调理方法 ●

"是药三分毒"这一点是不可置疑的，不管是中医理论还是西医看法，其根本目的是为了治病，不过治病的方式并不只以上两种，汤饮疗法同样可帮助人们缓解疾病带来的不适。用以下几种食材煲汤，可缓解支气管哮喘病情。

● 推荐食材 ●

人参、百果、核桃、莲子、黑芝麻、山药、芡实、乌鸡、鲤鱼、鲫鱼、猪肺、萝卜、菠菜、栗子、丝瓜等。

推荐汤品 >>

罗汉笋汤

【材料】罗汉笋300克，火腿100克，芹菜末少许

【调料】高汤、盐各适量，鸡粉半小匙

【做法】1.将罗汉笋洗净，切成条状，待用。

2.火腿切成菱形片，待用。

3.锅置火上，倒入适量的高汤，放入罗汉笋、火腿片及其他调料，煮开后，转小火慢煮，直到汤汁浓稠时，撒入芹菜末即可。

养生专题

罗汉笋性味甘、寒，有清热消痰、清胃热、肺热的作用，经常食用可缓解胃炎、支气管炎患者的病情。本汤有补肺平喘，滋润脏腑的作用，支气管哮喘患者可常饮此汤。

海蜇荸荠煲

【材料】枸杞子20克，荸荠100克，海蜇60克，白果5颗，生姜适量

【调料】盐、味精各适量

【做法】1.荸荠削去皮，洗净，一切四半；海蜇放入清水中浸泡半天，洗去盐味；白果破壳取肉；枸杞子洗净，清水浸泡10分钟。

2.将所有材料一并放瓦罐中，注入适量的清水，煲煮30分钟后，去生姜，加盐、味精，继续煮3分钟，即可。

养生专题

慢性支气管炎患者，在食疗滋补过程中，应注意加强肺脾肾的功能，这样才能改善病情；枸杞子、白果都是补肾的佳品；荸荠与海蜇配合，能祛痰润养。将这几种药材与食材搭配煲汤，更有利于支气管哮喘患者改善自身情况。

萝卜豆酱汤

养生专题

白萝卜性平，味辛甘，营养丰富，能诱导人体自身产生抗干扰素，增加机体免疫力，对咳嗽痰喘有很好的缓解作用。此汤能和中下气，化痰平喘。

【材料】白萝卜300克，豌豆夹50克，葱花、姜末各少许

【调料】豆酱3大匙，白糖少许，味精半小匙，猪骨高汤适量

【做法】1.白萝卜去皮，洗净，切条，备用。

2.豌豆夹择洗干净，切去两端备用。

3.将猪骨高汤倒入锅内，放入豆酱，搅拌均匀后，加入白萝卜条、豌豆夹、葱花、姜末及所有调料，煮入味即可。

红参蛤蚧煲

【材料】红参6克，核桃肉50克，蛤蚧2只，生姜适量

【调料】冰糖适量

【做法】1.红参切成薄片，核桃肉掰成小块；蛤蚧放清水中浸一天，切小块，备用。

2.将红参、核桃肉、蛤蚧、生姜一同放入汤锅中，加入冰糖后盖好，小火慢煲2小时即可。

养生专题

蛤蚧被医家们推崇为补益佳品，李时珍认为它的保健功效，可与人参、羊肉相提并论，并确定它具有补肺气、定喘、止咳、益阴气、助精扶赢的作用。对虚劳、喘咳、肺痿、咯血等症的治疗，有很好的辅助作用。本汤品将红参与蛤蚧搭配煲汤，可缓解支气管哮喘者的临床症状。

肉片山药汤

【材料】猪肉片、新鲜山药各150克，枸杞子2小匙，无花果5粒，姜1片

【调料】料酒、鸡粉各半小匙，盐、白胡椒粉各少许

【做法】1.山药削皮后切块备用。

2.用料酒爆香锅后加入水、姜片、山药、枸杞子与无花果，烧开煮10分钟。

3.加入剩余调料煮2分钟后放入肉片，再次煮沸即可。

养生专题

山药中富含多种氨基酸和糖蛋白、黏液质、多酚氧化酶、维生素C等营养元素，是滋补佳品。对肺虚喘咳有一定的辅助治疗作用，支气管哮喘者经常食用，可减轻病症带来的不适。

白萝卜鲫鱼汤

【材料】白萝卜150克，鲫鱼400克，虾皮1大匙，葱花少许

【调料】盐1小匙

【做法】1.鲫鱼洗净，擦干水分后在背部斜划数刀，抹上盐，腌约15分钟。

2.白萝卜去皮、切丝。

3.虾皮洗净，沥干水分。

4.锅中放入萝卜丝，并加5杯水及虾皮，加盖，焖煮约10分钟，至萝卜熟透再掀盖，中途不可掀盖，否则萝卜会不好吃。

5.萝卜煮好后，加入鲫鱼，续煮至鱼熟并撒上葱花即可。

养生专题

鲫鱼俗称鲫瓜子，不但肉质鲜美，还具有药用价值，是不可多得的保健食材。鲫鱼中所含的蛋白质质优、齐全、容易被人体消化，对气管炎、哮喘，有很好的滋补食疗功效。

第二节 **肺结核**

FEIJIEHE

● 专家解析 ●

结核病属慢性传染病的一种，人体的各个器官都可能患此病。只不过结核病多发于肺、肾、肝、胃、脑、肠、膀胱、皮肤、睾丸、骨等，其中发病率最高且最常见的应属肺结核。该病是由于抗酸性结核杆菌经呼吸道进入肺部造成的，其发生和发展与机体的抵抗病毒能力有关，抵抗力强则可抑制病菌的迫害，反之则会诱发疾病。

● 临床表现或危害 ●

肺结核是一种慢性疾病，发病初期病人感觉不到任何不适，只有待病情严重时，一些症状才会被病人感知，如：发热、浑身乏力、疲惫、心烦意乱、食欲不振等。

结核病属于全身性疾病，其表现出来的症状可能是全身性也可能是局部出现不适症状。以上所说的均属全身症状，局部症状包括以下几个方面：

咳嗽

是肺结核病最显著的特征，或许有人认为，感冒也可能引起咳嗽，怎样才能将其区分开呢？早期肺结核引起的咳嗽是轻微的单声咳，也就是人们常说的半声咳，无痰的干咳，对工作生活没有明显的影响。咳嗽随着病情的加重会越来越频繁，严重时会阻碍正常呼吸。

胸痛

也是肺结核病的显著特征之一，病情严重时，会波及胸膜尤其是壁层胸膜，由此导致胸痛。

咯血

有些肺结核病人非常大意，对平时的咳嗽、发热满不在乎，待到咳嗽时伴有血丝、血块甚至满口喷血时才意识到病情的严重性。

● 调理方法 ●

人们不可小视肺结核的危害性，在治疗肺结核的同时，可将药物治疗与食物滋补结合进行。

● 推荐食材 ●

猪肺、枸杞子、太子参、木耳等。

↑ 肺

推荐汤品 >>

茄菜花汤

【材料】西兰花、菜花各50克，黄花菜20克，番茄100克，胡萝卜少许，排骨1段

【调料】盐少许

【做法】1.排骨洗净，切块，放入滚水中余烫，捞出；西兰花、菜花洗净，切小朵，胡萝卜去皮、切片；番茄洗净、切块；黄花菜泡软，切除根部，备用。

2.锅中倒入半锅水，放入排骨煮滚，加入其他材料煮熟，最后加盐调味，即可。

该汤品之所以适合肺结核患者食用，是因为菜花在汤品中发挥了作用，肺结核患者经常食用，可有效缓解病症。

杞猪肺煲

【材料】枸杞子、太子参各15克，猪肺1只，木耳30克，小菜心适量

【调料】盐、味精各适量

【做法】1.枸杞子洗净，放入清水中浸泡10分钟；木耳用温水泡开后，洗净，撕成小块；太子参放入清水锅中，煎汁，连煎2次，合并煎汁备用。

2.猪肺用温水洗净，放入汤锅中，加适量清水煮10分钟，取出，切成小块。

3.再把猪肺、枸杞子、太子参汁、木耳一并放瓦罐中，倒入适量的清水，投入盐，小火慢煲，1小时后放入小菜心，改中火煮5分钟，再放入味精即可。

太子参被认为是补气药材中的清补药物，可用来治疗阴虚肺弱、咳嗽痰少、脾虚食少、神疲倦怠等症；枸杞子可滋补肺肾；猪肺能起到润养的作用，几种药材与食材的相互结合，可改善因肺结核引起的胸闷气短、心悸不宁、饮食减少等症状。

党参银耳牛蛙汤

【材料】牛蛙500克，银耳30克，党参20克，胡萝卜1根

【调料】盐适量

【做法】1．牛蛙宰杀去头，剥掉外皮、去内脏洗净，切成小块，备用。

2．把牛蛙放入沸水中汆烫，去血水，捞出备用。

3．银耳放入清水中泡开，撕成小朵；胡萝卜去皮，洗净，切块；党参洗净备用。

4．向砂锅中注入适量的清水，煮沸后下入所有材料，大火煮20分钟，再转小火煲2小时，最后用盐调味即可。

养生专题

党参性平、味甘，归脾、肺经，可用于治疗肺虚，益肺气；银耳则是一味滋补良药，尤其对病人，更具滋补效力；牛蛙的营养成分非常丰富，是一种高蛋白质、低脂肪、低胆固醇的营养食品，具有滋补解毒的功效。此汤可滋阴降火，清心润肺，补中益气。

虫草龟肉煲

【材料】冬虫夏草10克，鲜北沙参60克，乌龟1只，生姜适量

【调料】盐、味精各适量

【做法】1．冬虫夏草用清水洗净；鲜北沙参洗净，切成薄片。

2．乌龟剖开去内脏，洗净，待用。

3．将所有材料一同放入瓦罐中，加入适量的清水，小火煲煮，直至龟肉熟烂。

4．取出姜，加盐、味精，继续煮5分钟即可。

养生专题

医家将冬虫夏草视为滋补强壮的佳品，其含有大量的蛋白质、脂肪、糖、膳食纤维、维生素B_{12}等营养元素，不但能增强、调节机体免疫功能，具有多方面的免疫作用，还能补虚损，益精气，补肺益肾，止咳化痰，止血，可用于治疗肺阴不足，久咳虚喘，劳嗽痰血等症。肺结核患者在食疗滋补过程中，应以治肺肾阴虚为主，而冬虫夏草则可担当此任。

泡 菜鳕鱼汤

【材料】鳕鱼200克，豆腐半块，泡酸菜150克，蒜末适量

【调料】盐、香油、鸡粉各适量

【做法】1.将鳕鱼去骨、切片，放在滤筛上撒少许盐，腌制10分钟，淋上热水，备用。

2.豆腐切块；泡菜切成2厘米长的段。

3.锅里放水，放入鸡粉和适量的盐，煮沸后放入鳕鱼、豆腐煮开，再加入泡菜、蒜末。

4.出锅前，淋少许香油即可。

京 酱素菜汤

【材料】A：嫩冬瓜、胡萝卜、山药各50克
B：白菜、番茄、西兰花各50克，葱花适量

【调料】骨头汤1大碗，甜面酱1小匙，盐适量，白糖少许，胡椒粉1小匙，香油适量

【做法】1.材料A洗净去皮，切成块；番茄用沸水烫去外皮，切滚刀块；西兰花洗净，去根茎，切成小朵；白菜洗净切大片。

2.锅内加骨头汤，下入材料A煮熟，将甜面酱加少许水调散倒入汤内，随后加入处理好的材料B，加盐、白糖、胡椒粉煮开，舀入碗内，滴几滴香油即可。

养生专题
古代西方人发现，经常食用西兰花能达到爽喉、开音、润肺、止咳的目的，因此，他们将西兰花称作"天赐的良药"和"穷人的医生"。18世纪轰动西欧的布哈尔夫糖浆，就是以西兰花为主要材料，加蜂蜜调制而成的，对缓解肺结核、咳嗽等症有很好的作用。

养生专题
鳕鱼又称大口鱼，其肉、骨、鳔、肝都能入药。鳕鱼肝油对结核菌有很好的抑制作用，能阻止细菌繁殖。不仅如此，鳕鱼肝油还可以消灭传染性创伤中存在的细菌，能迅速液化坏疽组织。

专家解析

高血压是指，动脉血压异常增高，患者常无明显症状。高血压又分为两种，一种是原发性高血压，其发病原因不详，很可能与遗传因素有关；另一种是继发性高血压，其发病原因大多是由某种疾病引起的。

大约90％的高血压患者都没有明显症状，这是原发性高血压的特点，其致病因素很多，如：遗传、环境、年龄、职业、饮食、生活习惯及情绪等都可能成为原发性高血压的致病原因。以前，中老年人高血压的发病率较高，但随着生活水平的提高，高血压疾病出现了年轻化现象，许多年轻人也患上了此病。

临床表现或危害

高血压的主要临床表现为：头晕脑胀、头痛、耳鸣、心烦意乱、失眠等。病情严重时，由于大脑、眼、心脏和肾脏的损害可出现乏力、恶心、呕吐、气促以及视线模糊等症状，病情极为严重者，由于大脑水肿，出现嗜睡或昏迷，这种情况必须立即处理，否则病人会有生命危险。

调理方法

高血压病人必须注意个人饮食习惯，合理的饮食结构有助于维持血压平衡。高血压患者应多食低盐、低脂、高钾类食物，还应及时补充维生素和微量元素。

高血压患者如果希望通过汤品调节血压，在煲汤时，应注意材料的选择，以免适得其反。

推荐食材

芹菜、番茄、莲子、冬菇、木耳、香菇、紫菜、小米、海参、海蜇、大豆、鱼、鸡、鸭、花生、奶类制品。

相 关 链 接

每天进行4次短程散步有助于降血压

研究表明，虽然短距离散步和长距离散步在某种程度上都能降低血压，但短距离散步后的降压效果能持续11小时，而长距离散步的降压效果只能持续7小时。研究者建议高血压患者每天进行4次短距离散步。对大部分人来说，没有时间散步是他们的最大问题。倘若不能一次性抽出40分钟进行短距离散步，也可以将40分钟折分为4个10分钟，这样一来，就可以轻松安排时间了，问题也能轻松解决了。

推荐汤品 >>

子猪心汤

【材料】猪心1副，莲子20克，太子参、桂圆各少许

【调料】盐1小匙

【做法】1.猪心洗净切片；莲子去心洗净；太子参、桂圆肉分别洗净。

2.把全部用料放入锅内，加清水适量，大火煮沸后，小火煲2小时，用盐调味即可。

 古代医者认为，常吃莲子可以祛百病。莲子心的味道非常苦，但却具有显著的强心作用，能有效扩张外周血管，降低血压。本汤有降低血压，去心火的功效，高血压患者，可经常食用。

菇土鸡煲

【材料】鸡肉300克，香菇100克，火腿、姜各适量

【调料】盐、香油各1小匙

【做法】1.土鸡洗净切块，汆烫后捞出；香菇洗净，去蒂泡软后切片；火腿洗净切片；姜去皮切片。

2.所有材料放入锅中，加入适量水煮滚，改小火煮至熟软，下调料调味即可。

 土鸡营养丰富，药用价值高，具有较强的滋补作用；香菇是一种高蛋白、低脂肪，富含多糖、多种氨基酸和多种维生素的保健食材，能有效降低胆固醇、降血压。

芦笋丝瓜肉片汤

【材料】芦笋、瘦肉各150克，丝瓜300克，胡萝卜1个，草菇6朵，姜片适量

【调料】盐适量

【做法】1.鲜芦笋削去硬节皮，洗净，斜切成小段；胡萝卜去皮，洗净切块；草菇洗净，切片；丝瓜削去外皮，冲洗净，切块；瘦肉洗净，切片。

2.煮滚适量水，下鲜芦笋、丝瓜、胡萝卜块、草菇片、瘦肉片、姜片，煮滚后改中火煮至材料熟透，用盐调味即成。

养生专题

芦笋中含有膳食纤维，能增进食欲，帮助消化。西方人将芦笋誉为"十大名菜之一"，保健价值优于普通蔬菜，经常食用对高血压、心跳加速等症，有辅助治疗作用。

天麻蚌肉煲

【材料】蚌肉、薏米各60克，天冬、天麻各10克，北沙参30克，生姜适量

【调料】葡萄酒、盐、味精各适量

【做法】1.蚌肉温水洗净，用葡萄酒、盐腌10分钟。

2.天冬、天麻、北沙参分别洗净，切成薄片；薏米洗净，放入清水中浸泡2小时。

3.把所有材料一并放瓦罐中，注入适量清水，加入盐，大火煮沸，去浮沫，再改用小火煲1小时。

4.拣去生姜，用味精调味即可。

养生专题

天麻是治疗高血压的主要药材之一，其中含有的天麻素、天麻多糖等，有镇静、降压的作用，能增加大脑血流量，降低脑血管的阻力，轻度收缩脑血管，提高缺氧耐力。常用于治疗由高血压、脑中风引起的并发症。本汤品将天麻、薏米的健脾作用与蚌肉、天冬、北沙参的滋养功效结合起来，可有效降低血压，达到保健养生的目的。

汤饮养生堂 1000例

菜丸子汤

【材料】香菇100克，猪肉馅300克，胡萝卜、油菜心各50克，葱姜水适量

【调料】料酒、盐、淀粉、高汤、味精各适量

【做法】1.香菇择洗干净，剁成细末备用；胡萝卜去皮洗净，切片备用；油菜心洗净，对剖成两半。

2.猪肉馅剁细放入碗中，加入料酒、盐、淀粉、葱姜水、香菇末搅拌至有弹性，用手揉成香菇肉丸子备用。

3.锅内放高汤煮沸，放入香菇肉丸、胡萝卜片同煮。

4.待肉丸浮起时，加入油菜心、盐、味精略煮，菜心断生，捞出即可。

 养生专题　油菜为低脂肪蔬菜，且含有膳食纤维，能与胆酸盐和食物中的胆固醇及甘油三脂结合，并从粪便中排出，从而减少脂类的吸收，可用来降血脂、降血压。

 芹茄子瘦肉汤

【材料】西芹、茄子、瘦肉各150克，红枣4颗，姜片适量

【调料】盐适量

【做法】1.西芹洗净，切段；茄子洗净，切块；红枣去核，洗净；瘦肉洗净，切片。

2.把适量水放入瓦煲内煲滚，下西芹、茄子、红枣、瘦肉片、姜片煲滚，改中火煮约1小时，用盐调味即成。

 养生专题　近年来，诸多试验研究表明，芹菜浑身都是宝，均具有很好的药用价值，芹菜茎是降血压的首选食材，可有效的缓解因高血压引起的并发症，不但能软化血管，还是神经衰弱患者的最佳食材；芹菜叶中所含的挥发性物质，能增强食欲。

米海带冬瓜汤

【材料】海米40克，海带50克，冬瓜500克，黄芪10克，冬菇30克，葱、姜各适量

【调料】无

【做法】1.海带洗净，切块；冬瓜去皮，洗净，切块；冬菇洗净，切块。

2.汤锅内放入适量的清水，将海米、海带、黄芪、冬菇、葱、姜一同放入锅中，大火烧开后，改小火慢煮，30分钟后，放入冬瓜，继续煲煮，直至冬瓜熟透即可。

养生专题 海带中含有大量的不饱和脂肪酸和膳食纤维，能有效清除附着在血管壁上的胆固醇，并促进胆固醇的排泄，从而起到降低血压的作用；冬瓜则能利尿消肿，本汤品集纳了冬瓜与海带的优点，具备益气活血，利水降压的作用，适用于缓解因高血压引起的心衰、气短、动则喘息、双下肢水肿等症状。

蒜 香干贝汤

【材料】冬瓜500克，干贝80克，桃仁20克，山楂30克，大蒜适量

【调料】葡萄酒、盐、味精各适量

【做法】1.干贝洗净，放入碗内，加入葡萄酒、大蒜，放入蒸笼中，蒸1小时；冬瓜去皮瓤，切块。

2.桃仁去皮，放入清水中浸泡半天；山楂洗净用清水浸泡半天。

3.将干贝、冬瓜、桃仁、山楂一同放入瓦罐中，加足量的水，投入盐、味精，小火炖2小时。

4.去生姜后，便可食用。

养生专题 大蒜中含有对心血管有益的物质，可降低坏的胆固醇，具有明显的降血脂、预防冠心病及动脉硬化的作用，同时，大蒜还可有效预防血栓的形成；大蒜能降低血压，是因为其中的拟胆碱能使血管平滑肌扩张，从而起到降压的作用。

第四节 糖尿病
TANGNIAOBING

专家解析

糖尿病本身并不致残致死，但由糖尿病引起的并发症则可致残致死，据不完全统计，现在死亡原因中，糖尿病已经排到了第三位。

对于糖尿病，中医与西医各持己见。糖尿病史是西医的学名，在治疗方面主要是根据空腹血糖的高低来判病情的轻重。

中医理论中将糖尿病称之为消渴症，诊断依据为"三多一少"，即多饮、多食、多尿、少体重。中医认为，只要出现三多一少症状的患者，基本上可以被诊断为患有消渴症。

由于中西医诊断之间存在着差异，尽管被中医诊断患有消渴症的患者也未必就是糖尿病患者，但一旦被西医断定患有糖尿病者，就一定同时患有中医所讲的消渴症。

临床表现或危害

其实，不论是西医诊断还是中医评定，一旦被断定患有糖尿病的人，都会备感苦闷，随着糖尿病情的发展，许多不适的症状会逐渐反映出来，如：视力模糊、瞳孔变小、全身脏腑虚弱等。如果对血糖控制不利，还可引起血液中脂肪物质升高，加速动脉粥样硬化，损害心脏、大脑、双下肢、肾脏、神经、皮肤等。

调理方法

预防及治疗糖尿病应从饮食入手，可多食些具有降糖功效的食物，这对调节血糖、刺激胰岛素的分泌有很大帮助。

推荐食材

黄豆、毛豆、黑豆、赤小豆、土豆、牛蒡、苦瓜、甲鱼、猪肉、鸡肉、羊肉、乳鸽、海鲜、豆腐、芝麻、南瓜、蚌肉、小米、花生、鲜藕、银耳、慈姑、猴头菇、草菇、茄子、青椒、白菜、菠菜、芥菜、黄花菜等。

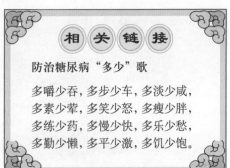

相关链接

防治糖尿病"多少"歌

多嚼少吞，多步少车，多淡少咸，
多素少荤，多笑少怒，多瘦少胖，
多练少药，多慢少快，多乐少愁，
多勤少懒，多平少激，多饥少饱。

养生专题

赤小豆又叫红豆，被人们称作"饭豆"。哺乳期的女性多吃赤小豆，可促进乳汁分泌，是一种很好的催乳食品。赤小豆中含有较多的膳食纤维，有润肠通便、降血压、降血脂、调节血糖、解毒抗癌、预防结石、健美减肥的作用。此汤有清热解毒及降低血糖之功效，常饮可预防身体燥热而引起的唇疮及口腔炎症。

粉葛赤小豆汤

【材料】粉葛300克，瘦肉200克，赤小豆、扁豆各40克，银耳20克，蜜枣4颗

【调料】盐适量，陈皮1块

【做法】1.粉葛去皮，洗净，切块；瘦肉洗净，切块，入沸水中汆烫，捞出过凉；赤小豆、扁豆洗净用温水泡软；银耳用温水泡软，去蒂，洗净，撕成小块；陈皮洗净备用。

2.将所有材料放入清水锅中，投入陈皮，大火烧开，改小火煲3小时后，用盐调味即可。

南瓜赤小豆煲

【材料】南瓜500克，赤小豆100克

【调料】盐、味精各适量

【做法】1.赤小豆放清水中浸泡半天，入高压锅中煮酥取出；南瓜洗净，切小块。

2.将赤小豆、南瓜一同放入瓦罐中，加适量清水，小火炖煮，30分钟后加盐、味精调味即可。

养生专题

南瓜中糖含量非常低，是一种低热量的食品，还具有很好的降糖作用，可有效改善糖尿病患者的病情。同时，南瓜对糖尿病引起的一系列病症，如：心血管疾病、神经病变、肾病、便秘、视网膜病变等，均有很好的辅助治疗作用。

土豆泥汤

【材料】土豆300克,胡萝卜、洋葱、烤面包丁、油炒面各50克

【调料】盐适量

【做法】1.土豆、胡萝卜、洋葱洗净;土豆去皮,煮熟,压成泥。

2.再用煮土豆的汤冲开搅匀,用油炒面调浓度,放盐调口味,起锅时撒烤面包丁即可。

什锦素膳汤

【材料】西洋菜30克,罗汉果1粒,山药30克,老藕30克

【调料】盐、味精各适量

【做法】1.西洋菜只取叶心,洗净备用;罗汉果拍碎,用纱布包好,放入清水中熬约15分钟。

2.山药去皮,洗净切片;老藕去皮,洗净切片,浸稀盐水中约5分钟,捞起立刻放入汤汁中。

3.把熬过罗汉果的汤汁倒入小锅中(包括老藕在内),放入山药,一起熬煮20分钟,然后再放入西洋菜心和盐、味精略滚即可。

参果芦荟汤

【材料】人参果2个，水发银耳1朵，鲜芦荟30克，姜适量

【做法】1.人参果去皮，切成小块；银耳撕成小朵；芦荟去皮切小块；姜切成小片。

2.取炖盅一个，加入人参果、银耳、芦荟、生姜，注入适量清水。

3.加盖，入蒸锅，隔水大火炖约1小时即可。

养生专题 芦荟自古以来作为民间土方，用来治疗糖尿病，没有副作用，而且效果良好，除了用于治疗外，还被用来预防糖尿病。用芦荟治疗糖尿病，以生食芦荟鲜叶的效果最佳，服用量要根据个人体质决定。

牛蒡萝卜汤

【材料】牛蒡适量，白萝卜、胡萝卜各100克，毛豆50克，排骨70克

【调料】盐适量

【做法】1.胡萝卜、白萝卜均去皮，切片；牛蒡去皮，切片；毛豆泡水洗净备用。

2.排骨洗净，放入滚水中煮开，捞出浮沫及油脂后，加入其他材料煮熟，最后加盐调匀即可盛出。

养生专题 牛蒡是一种健康蔬菜，其肉质中含有大量的营养物质，如：蛋白质、脂肪、碳水化合物、膳食纤维、多种矿物质等，经常食用，可预防糖尿病、高血压、防治早衰。

草菇柠檬酸汤

【材料】圣女果5个，草菇5朵，洋葱半个，西芹100克，香菜20克

【调料】柠檬汁、盐、胡椒粉各适量

【做法】1.圣女果洗净切片；草菇洗净对半切开；洋葱洗净切圈；西芹、香菜洗净切段备用。

2.把处理好的圣女果、草菇、洋葱、西芹放入锅中，加适量的水烧开。

3.加入适量的柠檬汁用小火慢慢的煮10分钟左右。

4.加入盐、胡椒粉调好味道，最后撒上切好的香菜段即可。

养生专题 草菇中维生素C含量高，能促进人体新陈代谢，提高机体免疫力，具有解毒作用，还能够减慢人体对碳水化合物的吸收，是糖尿病患者的良好食品。

苦瓜蚌肉煲

【材料】鲜苦瓜200克，蚌肉100克，枸杞子10克，生姜适量

【调料】料酒、盐、味精各适量

【做法】1.苦瓜去瓤，洗净，切片；枸杞子洗净。

2.蚌肉用温水洗净，用料酒腌渍10分钟。

3.将蚌肉放瓦罐中，再放入生姜、料酒，小火煲煮，30分钟后下苦瓜、枸杞子，中火煮10分钟，放入味精、盐，搅拌均匀后，即可。

养生专题 苦瓜又称凉瓜，深受大众欢迎。人们之所以喜欢它，不仅是因为它具有特殊的苦味，还因为它具有非常高的药用价值。苦瓜中含有类似胰岛素的物质，有明显的降糖功效，它能有效地促进糖分解，该善体内脂肪平衡，是糖尿病患者理想的食疗食物。

第五节 冠心病

GUANXINBING

专家解析

冠心病是冠状动脉疾病的一种。冠心病的形成，是因为脂肪堆积在冠状动脉内膜细胞内，导致血管狭窄及阻塞，血液无法正常运行，造成心肌缺氧。

在美国，心脑血管疾病是致死的第一原因，而冠心病则是心脑血管疾病中最常见的一种，其发病原因与生活方式有很大关联，如：精神长期处于高度紧张状态、饮食无规律、喜爱油腻及高脂肪食物，当然，冠心病的形成还与遗传因素有关，不过与不良的生活方式比，遗传因素算不上主要的危险因素。

临床表现或危害

冠心病的临床表现为：心胸痛、胸闷、气短，背部、咽喉部、下颌疼痛等。

中医认为阻塞冠状动脉血管的，除了淤血之外，还有痰，因此治疗过程中，还应化痰除淤、补心理气。在这方面，汤饮疗法具有神奇的功效。

调理方法

有人认为，一旦得了冠心病就要控制饮食，禁忌的食物很多，可吃的食物已所剩无几，生活失去了情趣。

事实上，冠心病人确实需要忌口，但可吃得食物还很多。

推荐食材

淡菜、海带、鲍鱼、干贝类、海参、紫菜、木耳、白背木耳、菠菜、苋菜、鱼、蛋白类、脱脂奶类、山楂、粉葛、香菇、小米、泥鳅、南瓜，各种禽畜类瘦肉等。

相 关 链 接

女性绝经后应谨防心脏病

由于雌性激素的存在，女性很少像男性那样，刚进入中年就得心脏病。雌性激素通过调节低密度脂蛋白胆固醇和高密度脂蛋白胆固醇的数量来帮助女性的动脉血管保持清洁和健康。低密度脂蛋白胆固醇造成血管堵塞，而高密度脂蛋白胆固醇能护送身体里的低密度脂蛋白胆固醇。但是雌性激素的保护作用在绝经后就降低了，因为身体产生激素的水平下降了。绝经以后，女性得心脏病的危险性升高了，等到65岁时，危险概率已和男性一样高了。

推荐汤品 >>

香蕉冰糖汤

【材料】香蕉5根

【调料】陈皮1块，冰糖适量

【做法】1.香蕉剥皮，切3段；陈皮温水泡软，去白。

2.将香蕉与陈皮一同放入锅内，加适量的清水同煮。

3.小火煮沸15分钟后，再加冰糖，再次煮沸后即可。

养生专题

香蕉又称甘蕉，营养丰富，含钾量在所有水果中位居第一。其性味甘、寒，有清热润肠，润肺解酒的功效。因此，高血压、心脏病患者，可经常食用。

[重点提示]肾功能低下、脾虚者不宜食用。

淮山玉竹老鸭煲

【材料】淮山15克，石菖蒲、玉竹各10克，净老鸭1只，生姜、葱各适量

【调料】胡椒、盐、味精各适量

【做法】1.老鸭放入开水中氽烫，去血水，备用。

2.淮山、石菖蒲、玉竹分别洗净后，用纱布包扎好，与老鸭一同放入锅中，再将生姜片投入锅中，加入适量的清水，大火炖煮，至鸭肉酥软，然后放盐、胡椒、味精、葱调味即可。

养生专题

中医认为，石菖蒲具有舒心气、畅心神、怡心情、益心志、祛痰浊、宣结滞、通神明、健心血管的功效；玉竹具有润心肺，治虚损的作用，在强心方面有很高的地位；淮山则可滋补五脏，具备很强的保健功效。将这三种药材，与老鸭一同烹制，有助于冠心病患者的调养。

山楂桂圆瘦肉汤

【材料】山楂、桂圆肉各15克，瘦肉250克，蜜枣2颗，生姜2片

【调料】盐适量

【做法】1.山楂、桂圆肉、蜜枣、生姜分别洗净；瘦肉洗净切块备用。

2.汤锅中放入适量的水，大火烧开后，放入所有材料，改为小火慢煲，约2小时后用盐调味即可。

洋葱当归猪心煲

【材料】人参3克，当归片15克，猪心1个，洋葱30克

【调料】盐、味精各适量

【做法】1.洋葱洗净切块；当归片、人参，隔水炖软，人参切片。

2.猪心剖开，将人参、当归填入其中，放锅中，加适量清水，放洋葱与盐，小火炖煮至猪心熟烂为止。

3.把当归从猪心中取出，加味精调味，吃猪心、洋葱、人参，喝汤。

红 糟蜜柚猪肉汤

【材料】猪瘦肉250克，蜜柚1个，胡萝卜1根，西兰花50克，洋葱丁少许

【调料】红糟酱2大匙，盐适量，鸡粉半小匙，白糖少许

【做法】1.猪瘦肉洗净切块；蜜柚剥皮切块，胡萝卜去皮，洗净切段；西兰花洗净，掰成小朵备用。

2.油锅烧热，放入洋葱丁、红糟酱、猪瘦肉翻炒上色，加入适量开水及其他材料，再加盐、鸡粉、白糖煮30分钟即可。

养生专题 柚子味道酸甜，略带苦味，富含丰富的营养成分，被医学界公认为最具食疗功效的保健水果。心脑血管疾病患者，每天需要依靠药物排出体内多余的钠，食用含钾量较多的食物或药物，而柚子刚好满足心脑血管患者的要求，几乎不含钠，而钾的含量却很高，因此，心脑血管病人可多多食用。

木 耳猪心汤

【材料】木耳、白背木耳各15克，猪心1个，瘦肉250克，蜜枣4颗，生姜2片

【调料】盐适量

【做法】1.木耳及白背木耳用温水泡开，洗净，去蒂，撕成小块。

2.生姜、蜜枣分别洗净，瘦肉洗净，切块备用。

3.猪心切开，清除筋膜，洗净后放入沸水中氽烫，5分钟后，捞出，切片。

4.汤锅内注入足量清水，下入所有材料，小火慢煲，3小时后用盐调味即可。

养生专题 木耳是一种常见的保健食品，富含丰富的维生素及矿物质，有和血、止血的作用，因此，能减少血液凝块，预防血栓等病的发生，对冠心病及动脉硬化有很好的食疗作用；同时，木耳中还含有大量的铁，可令人肌肤红润荣光焕发，缺铁性贫血者，可经常食用，木耳能有效地清除肠道中的异物，对胆结石、肾结石等内源性异物也有较为显著的化解功能。

田七鸡汤

【材料】鸡肉200克，高丽参少许，田七5克，生姜2片

【调料】盐适量

【做法】1.鸡肉、生姜分别洗净，待用。

2.高丽参、田七分别洗净，切片。

3.将鸡肉、高丽参、田七、生姜一同放入炖盅内，加适量的开水，小火隔水炖煮，3小时后，用盐调味即可。

> **养生专题**
>
> 田七味微甘、苦，颇似人参味，有"金不换"之称。《本草纲目拾遗》称："人参补气第一，田七补血第一，味同而功异等"。其主要功效为化淤止血，活血定痛，可用于多种出血、外伤淤痛及胸痹心绞痛等。本汤品中，将田七与人参搭配使用，效果更佳，冠心病患者，可经常饮用。

鸭肉当归汤

【材料】鸭腿肉300克，当归1根，川芎3片，枸杞子2小匙，红枣5颗，山药5片

【调料】料酒1大匙，鸡粉、盐、白胡椒粉各少许

【做法】1.鸭腿肉剁块待用。

2.用油炒香鸭肉，加入料酒与水，煮5分钟后捞出油沫。

3.加入剩余材料小火煮20分钟，放入剩余调料再煮2分钟即可。

> **养生专题**
>
> 调查研究表明，居住在法国南部的加斯科尼人，烹调食物时喜欢用鸭、鹅的脂肪代替牛油，因此，当地很少有人患心脏病。原因是，鸭、鹅的脂肪，类似于橄榄油，不会增加人体内的胆固醇量。所以，常吃鸭肉，能有效预防心脏病的患病概率。

第六节 慢性胃炎

MANXINGWEIYAN

● 专家解析 ●

所谓慢性胃炎是指胃黏膜受多种病因影响产生炎症。慢性胃炎的实质是胃黏膜上皮反复受损，导致黏膜的功能发生改变，造成固有的胃腺体萎缩乃至消失，在临床上是一种常见疾病。

按照病变的范围，慢性胃炎可分为两种类型，一种是慢性浅表性胃炎，该种类型胃炎的特点是，炎症病变比较表浅，仅局限于胃黏膜表面一层；另外一种是慢性萎缩性胃炎，其特点是炎症病变波及胃黏膜的全层，并伴有胃腺体萎缩现象。

诱发慢性胃炎疾病的因素很多，较为常见的有：长期大量吸烟酗酒、饥饱不均、喜好过冷或过硬的食物、长饮浓茶、咖啡或有刺激性的食物等，以上诸多原因都会诱发或加重病情。

科学实验表明：饮食不卫生使胃黏膜受到细菌感染，导致胃炎不易痊愈。许多治疗胃病的药物，如：阿斯匹林、保泰松、糖皮质激素等，不但不能有效治疗胃病，还可能使胃黏膜受到更大的伤害，诱发或加重病情。

● 临床表现或危害 ●

不要小瞧慢性胃炎，如果久病不治很可能转变成慢性萎缩性胃炎，有时还可能诱发癌变，不仅破坏患者的正常生活，还威胁到病人的生命。

● 调理方法 ●

在治疗的同时，还应调整个人的生活习惯与饮食习惯，还可选择饮食治疗法。

● 推荐食材 ●

白菜、薏米、雪菜、鸡肉、鲤鱼、山药、哈密瓜、无花果等。

相 关 链 接

自助按摩缓解胃炎

◆用代灸膏贴中脘、足三里、胃俞、脾俞四穴，隔日调换。中脘穴位于身体的中心线上，距离肚脐上方约四寸（六横指宽）的位置；足三里穴位于膝盖下方凹陷约三寸（四横指宽处），左右各一；胃俞穴位于第十二胸椎，距离脊椎两侧约一寸半（比大拇指稍宽）的地方；脾俞位于距离第十一胸椎两旁一寸半的地方。

◆两手相叠，放于上腹部，以剑突为中心，顺、逆时针方向按摩各30～50次。再以肚脐为中心，顺、逆时针方向按摩各30～50次。再按摩足三里50～100次。每天早晚各1次。

火腿白菜汤

【材料】白菜1棵，火腿100克

【调料】料酒、盐、味精各适量

【做法】1.白菜取心，洗净沥水，将较老的根茎部切去后放入汤碗中。

2.火腿切薄片，覆盖在白菜上。

3.汤碗中加适量清水、料酒、盐、味精，上笼蒸90分钟，至白菜酥烂、火腿香时即可。

养生专题

白菜是日常生活中一种常见的蔬菜，有"菜中之王"的美称，中医认为：白菜性微寒，味甘，有养胃的功效，肠胃不好者，可经常食用。民间有种说法："鱼生火，肉生痰，白菜豆腐保平安"，由此可见，白菜早已被人们认定为保健、养生食品了。

山药枸杞蒸鸡汤

【材料】鸡腿2只（约重600克），山药4片，黄芪3片，枸杞子40粒，蜜桂圆肉8颗，姜、葱各适量

【调料】鸡粉少许，料酒2大匙，冰糖1大匙，胡椒粉2小匙

【做法】1.鸡腿去残毛，洗净，斩成大块；山药洗净，去皮，切片。

2.锅内放水，加入鸡块、料酒、冰糖、胡椒粉，用中火烧开，撇去浮沫，煮10分钟后关火，将鸡块捞出放清水中洗去血沫，沥水。

3.山药、黄芪、枸杞子、蜜桂圆肉洗净，与姜片、葱段、鸡（皮向上）放入大碗内。

4.将锅中的鸡汤滤渣，倒入碗中，放少许鸡粉，加盖，入蒸锅内，用旺火隔水蒸熟即成。

养生专题

鸡肉质细嫩，味鲜美，内含蛋白质较高，很容易被人体吸收。鸡肉中的磷脂类对人体生长发育起着重要作用。将鸡肉与这4种性味合烹成滋补药膳，常吃有健脾、益胃、补肾、安神的食疗作用。老幼、体弱者均适宜食用。

 冬瓜鲤鱼汤

【材料】鲤鱼1条（约500克），冬瓜 200克

【调料】盐、味精、料酒各适量

【做法】1.鲤鱼去鳞、内脏、鳃，洗净，在肉厚处划几刀至胸骨。

2.冬瓜去皮切成条，备用。

3.炒锅烧热后入油，烧至油冒青烟时下鲤鱼，煎至两面焦黄后，烹入料酒，放入冬瓜以及清水。

4.再煮8～10分钟，待汤色浓白时放入适量盐、味精即可。

养生专题　鲤鱼是日常生活中人们喜爱且常见的水产品之一。人们喜爱它的原因不仅仅因为它们象征着吉祥，更重要的是其营养及药用价值都很高。医学研究表明：鲤鱼有滋补健胃，清热解毒等功效，胃病患者可常吃。

薏米瘦肉煲

【材料】薏米100克，鲜百合40克，猪瘦肉150克

【调料】冰糖、盐各适量

【做法】1.薏米放入清水中浸泡半天；百合洗净，逐片掰开。

2.瘦猪肉用温水洗净，切成长小块。

3.将薏米、猪瘦肉一并放瓦罐中，加足量清水煮至八成熟，再加入冰糖、百合，小火炖至猪肉酥烂，即可食用。

养生专题　慢性胃炎是最常见的疾病之一。病变主要有慢性浅表性胃炎和慢性萎缩性胃炎两种，食疗过程中应注意健脾，养胃，祛湿。本汤品中的薏米，具有健脾、祛湿的功效，而百合又具有很强的养胃作用，二者结合食用，对慢性胃炎患者有很好的补益作用。

奶油哈密瓜汤

【材料】哈密瓜半个，面粉适量

【调料】奶油2匙，白糖少许

【做法】1.哈密瓜去外皮，肉切块。

2.将一半瓜肉榨汁，留少许瓜皮，切丝备用。

3.奶油放入热锅中溶化，撒上面粉，倒入适量的清水，搅拌均匀后，放入瓜皮丝即可。

养生专题

哈密瓜不但好吃，而且营养丰富，药用价值也高。中医认为，哈密瓜属甜瓜类果品，性质偏寒，具有利便、益气、清肺热、止咳的功效，适宜肾病、胃病、咳嗽痰喘、贫血和便秘患者食用；哈密瓜还适合贫血病人食用，它能有效地促进人体的造血机能；哈密瓜也是清凉解暑，除烦消热，生津止渴的佳品，夏季食用最佳。

山药鸡胗煲

【材料】白萝卜200克，山药100克，无花果30克，带内金的鸡胗1个

【调料】鸡清汤、盐、味精各适量

【做法】1.白萝卜洗净，切小块；山药洗净，去皮，切成小块；无花果放入清水中浸泡半天。

2.鸡胗刮洗净，切成小块。

3.将鸡胗放入瓦罐内，倒入鸡清汤，小火煲40分钟后下白萝卜块、山药块、无花果、盐，中火炖30分钟后，加味精调味即可食用。

养生专题

无花果的营养丰富且全面，除含有人体必需的多种氨基酸、维生素、矿物质外，还含有柠檬酸、苹果酸、延胡索酸、琥珀酸等营养成分，能促进胃动力，加快对食物的消化吸收，间接地保护胃黏膜的功效；鸡胗连同鸡内金，可健脾开胃；山药则是健脾补虚的佳品；将三种食物搭配煲汤，对治疗慢性胃炎有一定的辅助作用。

第二章

第七节 慢性肾炎
MANXINGSHENYAN

● 专家解析 ●

　　慢性肾小球肾炎简称慢性肾炎，是由多种病因导致肾小球受损并经过数年后才发生肾功能减退的一种疾病。早期的慢性肾炎或慢性进行性肾盂肾炎，按照大部分肾小球的病变可分为系膜增生性肾小球肾炎，弥慢性或局灶性增生性肾小球肾炎、膜性肾炎、肾局灶性节段性肾小球硬化。

　　当前，诱发慢性肾炎疾病的原因尚不清楚，大约50％的慢性肾炎患者均无发病史，唯一可供参考的资料是，大多数慢性肾炎患者曾得过肾小球病。

● 临床表现或危害 ●

　　由于该病的潜伏期很长，所以，可多年没有明显症状，很容易被人们忽视。但给病人做常规医学检查时会发现，病人的尿液中含有不同程度的蛋白尿和红细胞，但病人却没有任何不舒服的感觉，肾功能正常。但随着早期病变的继续发展，肾小球毛细管逐渐被破坏，纤维组织增生，以后整个小球纤维化，玻璃样变，甚至形成无结构的玻璃样小团，此时，称为硬化性肾小球肾炎。大多数病人会出现腰酸、乏力、水肿、高血压、呕吐、呼吸困难以及肾功能衰竭症状。随着病情的进一步发展，最终导致肾功能衰竭。

　　临床医学表明，一旦肾功能衰竭，尽管尝试多种治疗方法，但仍然无法控制病情的发展，只能控制蛋白质的摄入量，才能减缓病情的恶化速度。

　　由此看来，慢性肾炎患者应把日常饮食问题当成一件大事。

● 调理方法 ●

　　慢性肾炎患者在饮食调理上，有什么要求呢？

　　慢性肾炎患者的显著特点是，肾功能逐渐减退，并伴有疲乏、食欲不振、水肿等症状，因此，在饮食上，可根据病人表现出来的症状，适当加入些与症状相对应的食材或药材，这对慢性肾炎患者来说，有很大的裨益。

● 推荐食材 ●

　　番茄、冬虫夏草、黄芪、赤小豆、乳鸽等。

养生专题

在治疗慢性肾炎过程中，黄芪是应用较多的一味药材，实验研究表明，黄芪能明显提高细胞免疫和体液免疫功能，促进各血细胞的生成、发育和成熟，能有效改善心功能，具有降低自由基生成，或增强清除自由基的作用，可减轻慢性肾炎患者的痛苦。

黄芪党参煲鸡肾

【材料】鸡肾50克，鸡肉200克，黄芪、党参各30克，花菇2朵，柠檬、葱花各少许

【调料】盐1小匙，胡椒粉少许

【做法】1.鸡肾、鸡肉分别洗净，鸡肉切片，一并放入开水中氽烫；花菇放入清水中浸软，洗净，去蒂；黄芪、党参分别洗净。

2.将处理好的鸡肉、鸡肾、花菇、党参、黄芪一同放入锅中，加入适量的清水，大火煮开后，改小火慢煲，1小时后，放入盐、胡椒粉、柠檬续煲，待材料入味后，再撒上葱花即可。

养生专题

中医认为，番茄性味甘酸微寒，可生津止渴，健胃消食，清热解毒。对肾脏病人有良好的辅助治疗作用。

番茄排骨汤

【材料】排骨500克，番茄2个，青蒜2根，黄瓜片少许

【调料】盐1小匙，香油适量

【做法】1.排骨以热水氽烫过后捞起，放入另一口锅中加入6碗冷水，熬煮约20分钟。

2.番茄洗净后切滚刀块，放入排骨汤内，继续煮约10分钟。

3.青蒜切约2厘米长斜段，加入汤内煮约5分钟，加盐调味，并滴上香油撒上黄瓜片即可。

牡蛎紫菜汤

【材料】牡蛎500克，紫菜1片，葱丝、姜丝各适量

【调料】料酒、淀粉、胡椒粉、盐、香油、清汤各适量

【做法】1.牡蛎洗净，开壳取肉，用盐、淀粉抓匀揉搓，再用清水洗净，放入开水中氽烫捞出沥干；紫菜用温水泡开，撕片，备用。

2.清汤倒入砂锅内，大火烧开后放入牡蛎、紫菜、料酒，再次煮沸后，投入葱丝、盐、胡椒粉、姜丝，搅匀后淋入香油即可。

养生专题 中医认为，牡蛎性味咸湿，入肝、肾经。其富含的矿物质、蛋白质和微量元素，提高了牡蛎的营养价值，被人们称之为"海中牛奶"，是补肝肾的佳品。慢性肾炎患者，可经常食用牡蛎，这对滋补肾脏非常有益。

虫草老鸭煲

【材料】冬虫夏草10克，天门冬15克，老鸭2只，猪瘦肉60克，香菇30克，火腿肉15克，生姜、葱各适量

【调料】盐、料酒各适量

【做法】1.冬虫夏草洗净；天门冬放入清水中浸泡半天，切成薄片；香菇放入清水中浸泡半天，洗净。

2.老鸭宰杀去毛、内脏，洗净后，放入沸水中煮2分钟，取出用冷水洗净，切块。

3.猪肉切成小块，放沸水中氽烫，捞起，沥水。

4.油锅烧至八成热，下葱、生姜炒出香味后，放老鸭爆炒几下后，烹入料酒，注入适量的开水，片刻后捞起，去葱、生姜，沥干。

5.将火腿肉、猪肉、老鸭块、冬虫夏草、天门冬、香菇一并放瓦罐内，加入适量的清水后，放生姜、葱、盐、料酒，煲2小时后，去姜、葱，即可。

养生专题 鸭肉具有很强的保健功效，其利水作用更显著；冬虫夏草则是一味治肾虚的良药，向来被人们视为壮阳之物；天门冬可补虚损，被誉为延年益寿的仙药；香菇开胃，猪瘦肉滋养补虚。因此，本汤品将滋补与治疗功效合二为一，对慢性肾炎患者有很好的食疗作用。

冬瓜虾肉汤

【材料】冬瓜400克，鲜虾150克，嫩碗豆100克，瘦猪肉200克

【调料】盐、白胡椒粉各适量

【做法】1.将冬瓜洗净去皮，切成三角块；鲜虾去头、壳；嫩豌豆洗净待用。

2.猪瘦肉洗净切块，放入沸水中氽烫，备用。

3.将所有材料放入沸水锅中，再次煮沸后，改小火慢煲，40分钟后用盐、胡椒粉调味即可。

养生专题 冬瓜具有利尿的作用，且含钠量很低，因此是慢性肾炎、营养不良患者的滋补佳品。本汤品中的豌豆，也有很高的营养价值，中医认为，豌豆具有理中益气，补肾健脾的作用。本汤品是慢性肾炎患者的理想选择之一。

参芪鲤鱼煲

【材料】红参6克，黄芪20克，巴戟天10克，活鲤鱼1条，蒜、葱花各适量

【调料】料酒、盐、味精各适量

【做法】1.将红参、黄芪、巴戟天放清水内浸1小时。

2.鲤鱼宰杀去鳃、鳞、鳍、内脏，洗净后在鱼身两侧切成十字花刀。

3.油锅烧至六成热，下鲤鱼，炸成金黄色，烹料酒，捞出沥油。

4.把处理好的鲤鱼放入瓦罐中，红参、黄芪、巴戟天及所浸之水一并倒入瓦罐，再投入蒜瓣、盐，大火烧沸后，改小火煲，30分钟后加味精调味，撒上葱花，即可食用。

养生专题 慢性肾炎以浮肿、蛋白尿、高血压和不同程度的肾功能损害为特征。中医认为：巴戟天性微温，味甘、辛，具有补肾阳、强筋骨、祛风湿的作用。可治疗阳痿遗精、宫冷不孕、月经不调、少腹冷痛、风湿痹痛、筋骨痿软等症；而鲤鱼则具有补虚利水的功效，对因慢性肾炎引起的腰膝酸软、两足浮肿、精神萎靡、耳鸣耳聋、大便溏薄等症，有很好的治疗效果。

第二六章

猪 腰荸荠汤

【材料】猪腰1副，荸荠100克

【调料】冰糖30克

【做法】1.荸荠洗净，去皮切成两半。

2.猪腰剖开洗净，去白色臊腺，切成腰花。将处理好的材料一同放入锅内，加适量水用大火烧沸。

3.投入打碎的冰糖，转小火煮30分钟即成。

养生专题 猪腰性平，味咸，和通肾气，通利膀胱；荸荠性寒，味甘，能清热生津。两者合煮成汤，最宜因肾气亏虚导致的慢性肾炎者饮用。

养生专题 赤小豆又称为红豆，是一种高蛋白质、低脂肪、高营养的多功能杂粮。由于赤小豆中含有一种叫做皂角苷的物质，它有良好的利尿功能，对肾病患者有一定的治疗作用。

 赤 豆鲫鱼汤

【材料】赤小豆100克，鲫鱼1条，葱、姜各适量

【调料】料酒、盐各适量

【做法】1.鲫鱼去鳞、腮及内脏洗净；赤小豆洗净，去泥沙；葱切段；姜切片。

2.鲫鱼煎黄，可使肉不易散。

3.赤小豆、鲫鱼放锅中，加适量水，大火烧开，再小火炖煮50分钟，放调料，再煮25分钟即可。

第八节 慢性肝炎

MANXINGGANYAN

● 专家解析 ●

所谓慢性肝炎是指，肝脏出现炎症导致肝细胞坏死，病情持续6个月以上的可称为慢性肝炎。由于慢性肝炎的发病原因众多，现代医学，对此并没有明确的阐述。一般认为与肝炎病毒的持续存在、机体的免疫功能紊乱、病变肝脏微循环及代谢功能障碍有关。

● 临床表现或危害 ●

慢性肝炎比急性肝炎少见，但是它却有很长的潜伏期，长达数年甚至几十年。临床试验证明，慢性肝炎的临床表现轻重不一，甚至有些患者，在患病初期根本察觉不到任何不适。有症状者会感到食欲不振、疲劳、低热、上腹不适等。病情较重者，长时间潜伏在肝脏的炎症，会严重损害肝脏，诱发多种肝脏疾病。

● 调理方法 ●

中医认为，慢性肝炎多为肝脾亏损，邪毒滞留，治疗慢性肝炎时，可在祛邪毒的同时配上具有调补肝脾功效的药材或食材。

● 推荐食材 ●

首乌、山药、牛肉、红枣、灵芝、鸡蛋、南瓜、泥鳅等。

相 关 链 接

拥抱、共用餐具不会传染乙肝

乙肝的传播途径包括母婴传播、经破损的皮肤和黏膜传播以及性传播。围产期和围生期传播是母婴传播的主要方式，多发生于分娩时接触HBV现正感染母亲的血液和体液，少部分母婴传播源于宫内感染。此外，共用剃须刀、牙刷等可能与乙肝传播有关。与HBV现正感染者性交及有多个性伴侣者感染HBV的危险性增高。同时，专家也表示，拥抱、喷嚏、咳嗽、饮食、饮水、共用餐具和水杯、无血液暴露的接触一般不传染乙肝。

鲜汤祛百病

推荐汤品 >>

养生专题

鱿鱼又称柔鱼，营养价值很高，富含蛋白质、钙、磷、铁等矿物质，并含有丰富的硒、碘、锰等微量元素，是一种非常名贵的海产品。其中的钙、磷、铁等元素，对改善造血功能，促进骨骼发育很有帮助；其中的硒、多肽等微量元素，具备抗病毒、抗辐射作用；鱿鱼中还含有一种牛黄酸，能有效降低血液中的胆固醇，预防成人病、缓解疲劳、恢复视力、改善肝脏功能。

排骨鱿鱼汤

【材料】鱿鱼500克，排骨300克，花生200克，红枣10颗，姜片、葱花各适量

【调料】盐适量

【做法】1.将排骨洗净剁成块；红枣洗净去核；花生用清水浸40分钟取出。

2.鱿鱼撕去外衣及内脏，洗净，放在沸水中，煮5分钟，取出再洗一次。

3.排骨放在沸水中，煮5分钟，取出。

4.锅内倒适量水烧开，放入鱿鱼、花生、排骨、姜片、红枣烧滚，用小火煲1.5小时，调入盐、葱花即可。

首乌牛肉煲

【材料】首乌、淮山各50克，牛肉150克，生姜片适量

【调料】料酒、味精、盐各适量

【做法】1.首乌洗净，加水浸泡1小时。

2.牛肉用温水洗净，放入沸水中煮5分钟，切成与首乌片大小相仿的块。

3.油锅烧至六成热，倒入牛肉块，翻炒2分钟，放入料酒，翻炒均匀后，倒瓦罐中，首乌连同浸泡用过的水一并倒入，再将淮山、生姜片、盐放在瓦罐中，小火炖煮至牛肉熟烂，便可用味精调味食用了。

养生专题

中医认为：慢性肝炎多为肝脾亏损，邪毒滞留造成的，治疗时可在祛邪毒的同时配合调补肝脾。李时珍认为："何首乌是滋补良药，具有补益精血，润肠通便的作用，常用于治疗血虚头晕，慢性肝炎等症；淮山、牛肉都具有补虚强健的功效，对于肝能起到保健、养护的作用。本汤对慢性肝炎患者具有补益作用。

灵芝红枣乌鸡煲

【材料】乌骨鸡1只，红枣50克，灵芝30克，葱段适量

【调料】鸡粉、盐各适量

【做法】1.乌骨鸡宰杀、去毛、脚爪、内脏后，放沸水中汆烫，洗净备用。

2.红枣放入清水中浸泡半天；灵芝加水浸半天，煎汁。

3.将灵芝煎汁倒入瓦罐中，再投入鸡、红枣、盐，小火煲2小时后，加葱段、鸡粉，中火煮3分钟即可。

养生专题

中医认为：灵芝性温，味淡，具有滋养强壮的作用，可调节神经，改善心血管功能，促进机体代谢等。灵芝中富含15种人体所需的氨基酸，可有效提高机体抵抗力。灵芝滋补强壮功效还体现在，能安神定志，补中健胃，对神经衰弱、劳损咳喘、头晕健忘、失眠多梦等均有很好的治疗作用。近年来，临床医学还将灵芝用于治疗冠心病、心绞痛、高脂血症、心肌炎、白细胞减少症、肝炎、慢性气管炎、胃及十二指肠溃疡等症，其效果相当显著。

泥鳅汤

【材料】泥鳅100克

【调料】盐适量

【做法】1.泥鳅用淡盐水洗去黏液，宰杀去内脏，洗净待用。

2.油锅烧热，将泥鳅炸至金黄色时，倒入1碗清水，小火煮汤至半碗时，用盐调味即可。

养生专题

泥鳅的营养价值很高，有"水中人参"的美称。中医认为：泥鳅性平，味甘，具有滋补脾胃、暖中益气、解毒消炎、利小便的作用。《本草纲目》中记载，泥鳅能暖中益气，治消渴饮水，阳事不起。还可用于治疗乏力、烦渴、阳痿、痔疮、营养不良性水肿。近来，人们在实践中又发现，泥鳅对慢性肝炎也有很好的食疗功效。

什 锦蛋花汤

【材料】胡萝卜、水发木耳、黄瓜各50克，鸡蛋1个

【调料】盐、味精、水淀粉、香油各适量

【做法】1.将胡萝卜、黄瓜洗净后切薄片备用；木耳洗净，去根蒂，用手撕成小块备用；鸡蛋磕入碗中，用筷子打匀备用。

2.锅内放水烧热，下胡萝卜片、黄瓜片、木耳、盐、味精，煮至熟透。

3.用水淀粉勾薄芡，然后将蛋液淋入锅中。

4.再次煮沸后，淋入香油即可。

葱 油南瓜肉丸汤

【材料】南瓜200克，牛肉300克，番茄2个，甜玉米罐头1罐，鸡蛋液1碗，香菜末、葱末、蒜末各适量

【调料】盐、葱油各适量，鸡粉半小匙

【做法】1.南瓜洗净切开去子、皮，切丁；甜玉米开罐沥干；番茄洗净，汆烫去皮、子，切丁。

2.牛肉洗净剔净筋膜，搅打成肉泥放容器中，加鸡蛋液、盐、鸡粉、葱末搅至上劲，牛肉泥挤成丸子，小火炸至熟透捞出。

3.油锅烧热，炒香葱末、蒜末，下南瓜炒软，加适量清水煮开后，下番茄丁、甜玉米粒，牛肉丸子煮至熟透。

4.最后加盐、葱油调味，撒入香菜末即可。

养生专题 鸡蛋被人们称为"理想的营养库"，其中含有自然界中最优良的蛋白质，能有效修复受损的肝脏细胞，蛋黄中的卵磷脂可促进肝细胞再生。常吃鸡蛋，对慢性肝炎患者来说，具有很强的食疗功效，可缓解疾病造成的不适。

养生专题 南瓜对肝脏疾病也有很好的食疗作用，它能抑制肝脏和肾脏的某些病变，南瓜中的果胶，能帮助肝、肾功能减弱的患者，增强肝、肾细胞的再生能力。因此，慢性肝炎患者，可多食用些南瓜，减少病情恶变的可能。

第九节 骨质疏松
GUZHISHUSONG

● 专家解析 ●

骨质疏松是指，人体骨骼组织内因无机盐（主要成分是钙）减少导致的一种骨病。据统计，美国每年大约有130万骨折患者均归因于骨质疏松症。骨骼中钙的含量占体内含量的99%，可以将骨骼形象地比喻成"天然钙库"，由于骨骼内的钙流向全身，所以才能维持钙磷代谢的相对稳定。倘若骨骼内的钙质大量流失，就会诱发骨质疏松症。

调查表明，骨质疏松症的发病率随着年龄的增长而增加，老年人中，女性比男性的发病概率要高。

● 临床表现或危害 ●

骨质疏松症的临床表现为：说不清到底哪里疼痛，躺在床上感觉背痛，走在路上又感觉脚跟疼痛，最突出的现象是腰骨痛；骨质疏松还可能导致腰弯、背驼、身材缩短等。老年人常常将其视为上年纪的表现，是不可避免的现象，而实际上，这是由骨质疏松造成的，是完全可以避免的；骨质疏松的症状之三是，脊椎椎体容易骨折，这是三大症状中最严重的一种，必须及时防治。

● 调理方法 ●

通过汤饮改善骨质疏松症也是一种可取办法，一些具有强健骨骼、补充钙质功效的汤品，在选材上是很有讲究的，马虎一点儿都无法发挥补钙功效，这也是汤饮疗法效果显著的原因之一。

● 推荐食材 ●

谷类、豆制品、菠菜、香菇、麻哈鱼、虾皮、排骨等。

相 关 链 接

加强运动可辅助治疗骨质疏松

因为全身或局部活动太少可造成骨质疏松。一些常坐办公室的人，一定要加强室外体育锻炼，如跑步、散步、打球等。老年人退休后更要加强活动，不要每天待在家中，充分科学的锻炼，打打太极拳、散散步，都可预防骨质疏松。每周至少做3次锻炼，每次30~45分钟。

推荐汤品 >>

麻哈鱼汤

【材料】麻哈鱼150克，菠菜叶25克，蘑菇10克，鸡蛋清适量

【调料】高汤、盐、淀粉、味精、辣椒油、芝麻、料酒、胡椒粉各适量

【做法】1.将麻哈鱼肉去刺，洗净，切成长5厘米、宽约1.5厘米、厚3毫米的片，放入盆内，加入料酒、盐、胡椒粉、味精，搅拌均匀，腌渍约15分钟。

2.蘑菇洗净，去掉蒂根；菠菜择洗干净，取叶，汆汤后，切小片。

3.将高汤倒入汤锅中，放入蘑菇、胡椒粉、盐、味精，烧开后，下入菠菜叶，再烧开，待用。

4.再将鸡蛋清打散，加淀粉拌匀，放入麻哈鱼片挂糊，放入沸水锅内煮熟，捞出，投入汤锅内，加辣椒油，撒上芝麻，即可。

养生专题 麻哈鱼是世界名贵鱼类之一。具有很高的营养价值，素有"软黄金"之称。麻哈鱼中的不饱和脂肪酸能有效降血脂和胆固醇，防治心脑血管疾病，而$\Omega-3$脂肪酸，则是脑部、视网膜、神经系统必不可少的营养物质，能提高脑功能，预防老年痴呆症。鱼肝油中含有的维生素D，能促进机体对钙质的吸收，防止骨质疏松，促进生长发育。

土豆干虾煲瘦肉

【材料】土豆2个，干虾肉适量，瘦肉200克，花菇4朵，生姜1块，葱1根

【调料】高汤、盐各适量，料酒、胡椒粉各少许

【做法】1.土豆用清水洗净，去皮切块；干虾肉泡透；瘦肉切块；花菇泡透；生姜去皮切片；葱切段。

2.烧锅下水，待水开时，下入瘦肉块，用中火汆烫去血水，倒出洗净。

3.砂锅加入土豆、干虾肉、瘦肉、花菇、生姜，注入高汤、料酒，用小火煲1.5小时后，调入盐、胡椒粉，继续煲20分钟，撒上葱段，即可。

养生专题 干虾中含有十分丰富的钙、磷、铁等矿物质，营养价值很高。与瘦肉合而煲汤，能有效补充钙、锌等多种营养元素，是很好的补钙汤品。

豆大枣猪脚汤

【材料】黄豆100克，大枣50克，猪脚500克，葱、姜各适量

【调料】料酒、盐、味精各适量

【做法】1.猪脚用沸水烫后洗净，刮去老皮，加清水煮沸，撇去浮沫。

2.加料酒、葱段、姜片炖35分钟，再加黄豆、大枣炖至黄豆软糯。

3.加入盐、味精调味即可。

养生专题 黄豆有很好的补钙功效，加上补钙又养颜的猪脚与生血补气的大枣，可以为女性全面提供养颜、补钙的营养物质，在预防骨质疏松的同时，也达到了补血、补气的目的，可谓一举多得。

 药枸杞排骨煲

【材料】枸杞子20克，山药150克，排骨500克，豆豉50克，生姜、葱各适量

【调料】料酒、高汤、盐、味精、胡椒粉各适量

【做法】1.枸杞子泡软；山药洗净，去皮，切片；排骨洗净后，切小段，放沸水中余透。

2.油锅烧热，下生姜煸炒出香味后，放入肋排略炒，烹入料酒，加葱，翻炒片刻。

3.将排骨倒瓦罐中，放入山药、豆豉、盐，再倒入高汤，小火炖至肋排熟烂后，放枸杞子再煮10分钟，用味精、胡椒粉调味即可。

养生专题 老年人比较容易患骨质疏松，病因与内分泌、钙的摄入量以及活动量有关，平时饮食中，应多加注意。本汤品中，排骨中含有大量的钙质，适合骨质疏松症患者食用；豆豉的营养成分非常丰富，有帮助消化、增进食欲的作用，能提高人体对营养物质的吸收利用。骨质疏松者常喝此汤，可改善病情。

香菇鸡肉毛豆汤

【材料】鸡腿150克，香菇、毛豆粒各100克，番茄1个，鲜海带50克，碎洋葱粒1大匙

【调料】盐适量，料酒1大匙，蚝油、味精各半大匙

【做法】1.鸡腿洗净切块，氽烫，捞出沥干水分。

2.洗净海带表面的杂质，切片；香菇去蒂洗净切块；番茄洗净切半，去蒂，再切块。

3.油锅烧热，先炒软洋葱、番茄，再倒入适量的清水，加鸡腿煮30分钟，下入其他材料，煮至鸡腿熟烂后，加调料续煮入味即可。

养生专题

香菇对很多疾病都能起到辅助治疗的作用，这是因为，香菇中含有多种不同的营养元素。香菇中含有一种一般蔬菜缺乏的麦淄醇，它能转化成维生素D，通过促进体内钙的吸收，达到预防骨质疏松的目的。

杜仲炖龟肉

【材料】乌龟1只，核桃肉30克，杜仲、陈皮、枸杞子各15克，肉骨头200克，生姜适量

【调料】料酒、味精、盐各适量

【做法】1.乌龟宰杀，去粗皮、内脏，洗净，剁成小块。

2.肉骨头用温水洗净，放入沸水中氽烫，去血水，剁碎；杜仲洗净，放入清水中浸泡1小时；枸杞子、核桃肉分别洗净。

3.将肉骨头放入砂锅底部，再将龟肉、生姜一同放入砂锅，加入适量的清水，烧开后撇去浮沫。

4.下杜仲、枸杞子、核桃肉、陈皮，再将料酒、盐一并放入，小火炖至龟肉熟烂，拣出杜仲，用味精调味，即可食用。

养生专题

中医认为：骨质疏松与肾精亏虚，骨失髓养有关，所以，要想改善骨质疏松症，必须补肾益精、添髓壮骨。杜仲为补肝肾的重要药材，常用于治疗腰膝酸痛、筋骨痿弱、风湿痹症、阳痿、尿频、胎漏欲堕、阴下湿痒等症；又因肉骨头中含有大量的钙质；龟肉、核桃肉、枸杞子均具有补肾益精的作用，对骨质疏松的防治有很大帮助。

第十节 贫血
PINXUE

专家解析

所谓贫血，是指血液中红细胞总量低于正常值以下。造成贫血的原因很多，根据致病原因不同，贫血可分为缺铁性贫血、再生障碍性贫血、失血性贫血、溶血性贫血等。这说明一个事实，贫血的致病因素很多，它不是一个独立性疾病，而是许多疾病的一种表现形式。在我国，女性、儿童比较容易得贫血病，其中又以缺铁性贫血最常见。孕妇体内的铁不但要满足个人需求，还要供应胎儿发育，在这种情况下，如果孕妇体内的铁含量不足，就不能满足双方需求，因此孕妇成了缺铁性贫血的高发人群。

临床表现或危害

贫血不仅仅会导致头昏、乏力、消瘦，还会影响到内脏各个器官的健康。而最常见的缺铁性贫血会使人食欲减退、疲乏无力、免疫力低下、健康状况恶化，进而影响人的劳动能力。而其中最严重的危害是影响幼儿和儿童的智力和体格发育，影响学习和认知能力的发展。有研究表明，患有缺铁性贫血的儿童，平均智商明显要比未患病的同龄儿童低。

缺铁性贫血对孕妇和胎儿的影响更大。就胎儿来讲，如果不能在母体中吸取足量的铁，胎儿会因慢性缺氧造成发育迟缓、早产、死胎，还可能造成新生儿贫血，患有贫血症的婴儿面色苍白、身体各个器官发育缓慢、智力低于正常婴儿。就母体而言，如果出现贫血症状，血液携带氧的能力不足，贫血不严重时，孕妇不会出现不适感觉，但病情严重或急性出血时，不适症状就会相应进出，如：心跳加快、血液输出量增多、血流加快、心脏负担加重等，久而久之，会造成心肌缺氧，导致贫血性心脏病，严重时还会造成心力衰竭。贫血孕妇在怀孕期间或许还能承受贫血带来的压力，但分娩时，就可能因出血过多而休克甚至死亡。

调理方法

缺铁性贫血虽然危害较大，但从饮食着手采取简单的措施，是完全可以预防的。多食用含铁量较多的食物，就能有效避免缺铁性贫血造成的伤害。

推荐食材

大枣、菠菜、人参、枸杞子、鲫鱼、猪肝、牛肝等。

推荐汤品 >>

 油菠菜浓汤

【材料】菠菜100克，牛奶1杯，蒜末、火腿丝、洋葱丝、芹菜末、面粉、炸面包块各适量

【调料】蔬菜汤1碗，月桂叶1片，奶油、盐、白糖各适量

【做法】1.菠菜汆烫后切小段，加水，打成汁。

2.油锅烧热，奶油小火化开，加月桂叶、蒜末、洋葱丝、火腿丝、面粉炒香。

3.再加蔬菜汤、牛奶、芹菜末，小火拌匀煮开，加盐、白糖，再加菠菜汁略煮，最后放炸面包块即可。

 中国人一向将菠菜视为补血佳品，因为菠菜中含有大量的铁，是缺铁性贫血者最好的食疗食材，能使人面色红润、光彩照人。因此，菠菜被推崇为养颜佳品。

 生鱿鱼汤

【材料】鱿鱼1条，排骨、花生仁各200克，红枣10颗，姜片、葱花各适量

【调料】盐适量

【做法】1.红枣洗净去核；花生仁清水泡40分钟取出。

2.鱿鱼去除外衣及内脏，洗净，放入滚水中汆烫一下，取出再洗一次，切圈备用。

3.排骨洗净剁成块，放入滚水中，煮5分钟，取出。

4.锅内倒适量水烧开，放入花生仁、排骨、姜片、红枣烧滚，用慢火煲1小时，放鱿鱼煮熟，调入盐、葱花即可。

鱿鱼中含有丰富的钙、磷、铁元素，对骨骼发育和造血十分有益，可预防贫血。

[重点提示] 心脑血管疾病、肝病患者慎食，这是因为鱿鱼中含有大量的胆固醇；而患有湿疹、荨麻疹等疾病的人，也应慎食，因为鱿鱼属于发性食物。

泥 鳅山药汤

【材料】 泥鳅5条，山药100克，豆腐250克，生姜适量

【调料】 料酒、盐、味精各适量

【做法】 1.泥鳅宰杀，去内脏，洗净，沥干。

2.山药洗净，切条；豆腐切小块。

3.泥鳅放入热油锅中，煎至微黄时，放生姜、料酒，小火煲10分钟。

4.山药放入开水中氽烫，与豆腐一同放入鱼锅中，加足量的清水，煮30分钟后，下味精、盐调味，搅匀后即可。

养生专题

贫血大多数是由营养不良造成的。有关专家认为：要防治贫血，既要补充营养，又要提高人体对营养物质的吸收能力。泥鳅中富含大量蛋白质、维生素B₁、维生素C、维生素A，以及多种微量元素，可为人体提供大量的营养成分；生姜有具有开胃，帮助消化的作用，本汤品中的营养成分，可被人体大量吸收，非常适合贫血者食用。

樱 桃甜汤

【材料】 鲜樱桃350克，

【调料】 白糖1小匙，水淀粉1大匙

【做法】 1.鲜樱桃洗净，去核、蒂，剁成碎末。

2.锅洗净，加入清水4杯，倒入樱桃末及白糖，用大火烧沸，撇去浮沫，改用小火煮约15分钟，再用大火烧沸。

3.用水淀粉勾薄芡，盛入大汤碗内即成。

养生专题

樱桃中铁的含量非常高，位于各类水果之首，为人体提供足量的铁元素，从而达到促进血红蛋白再生，预防缺铁性贫血的目的；樱桃中的胡萝卜素与维生素C，可使皮肤细腻有弹性。中医认为，樱桃具有调中益气、健脾和胃、祛风湿、美容养颜的作用。

[重点提示] 樱桃对消化不良，风湿等很有好处。

猪 肝火腿汤

【材料】猪肝200克，青笋80克，火腿25克，葱花少许

【调料】盐1小匙，味精少许，料酒1小匙，猪骨头汤1碗

【做法】1.将猪肝洗净，切成片，放沸水锅中氽烫，捞出备用；青笋去皮，洗净切片；火腿切片。

2.净锅置火上，倒入猪骨头汤，烧开后放入猪肝片、青笋片、火腿片，再次煮开后撇去浮沫，加入剩余调料，煮熟后撒上葱花即可。

养生专题 预防缺铁性贫血的最简单的方法就是多吃含铁量丰富的食物，提高血色素。中医认为，猪肝味甘、性温，入肝经，有补血健脾，养肝明目的功效，猪肝中的铁是猪肉的十多倍，且容易被人体吸收，利用率极高，是天然的补血妙品。

大 枣牛肝汤

【材料】牛肝250克，大枣100克，姜片、枸杞子各适量

【调料】盐、味精各适量

【做法】1.牛肝洗净、切块；大枣去核，洗净。

2.大枣与牛肝、姜片、枸杞子一起放入砂锅内，加适量的清水大火煮开。

3.再改用小火煲2小时，然后加盐、味精即可。

养生专题 自古以来大枣就被列入到了五果之一，其突出特点是维生素含量较高。临床试验证明，大枣具备较强的药用价值。正处于生长发育高峰期的青少年和女性，容易出现贫血现象，大枣对贫血有很好的食疗作用，适合贫血人群食用。

藕紫菜汤

【材料】豆腐1块，油菜1棵，紫菜适量，葱花少许

【调料】高汤1碗，盐1小匙，味精少许

【做法】1.豆腐切成条；油菜择洗干净；紫菜用温水泡开，备用。

2.净锅置火上，倒入高汤，烧开后放入豆腐条、紫菜、油菜，煮至油菜熟透后，用盐、味精调味，撒上葱花即可。

养生专题 补血的食物以含有铁、胡萝卜素者最佳，有些植物性食物中，不但含有铁质、胡萝卜素及其他养分，还利于消化吸收，是缺铁性贫血者的最佳食疗食材，紫菜就是众多食物中的一份子，贫血患者平日里可多吃，这对改善贫血症状很有帮助。

血虾皮汤

【材料】猪血、菠菜各200克，虾皮、姜片各适量

【调料】盐、鸡粉各适量

【做法】1.猪血洗净汆烫后，切成块；菠菜洗净，去根汆烫后拦腰切断。

2.锅内加入适量的清水，投入猪血块、盐、姜片，大火煮开后挑出姜片，改成中火继续煮10分钟。

3.开锅将菠菜的茎与叶，先后投入锅中，大火煮开即停火，再加入适量的盐、鸡粉，撒上虾皮即可。

养生专题 猪血中含有大量的铁，且容易被人体吸收，经常食用猪血，可防止缺铁性贫血，对其他贫血病和恶性贫血也有一定的防治作用。该汤非常适合体虚贫血的人经常食用。

第十一节 **癌 症**

AIZHENG

专家解析

癌症，又称为恶性肿瘤，与其相对的是良性肿瘤。肿瘤是指机体在各种致瘤因素作用下，局部组织的细胞异常增生而形成的局部肿块。良性肿瘤容易清除干净且不会转移到其他器官。但恶性肿瘤却不同，它具有很强的破坏性，患者最终可能因器官功能衰竭而死亡。

临床表现或危害

癌症病变的基本单位是癌细胞。人体正常细胞死亡后，会有新细胞生成，来维持人体正常的生理机能。这说明，人体的正常细胞是可以再生的，但是，这种再生并不是无止境的，大多数细胞的再生能力都是有限的。而癌细胞则不同，它可以无止境的生成，大量吸收人体的营养成分，影响正常细胞的存活。同时，癌细胞还能释放出多种毒素，如果不及时治疗，癌细胞可能会转移到全身各处，破坏人体的所有机能，患者很可能在身体各个器官功能衰竭的情况下死亡。

调理方法

预防癌症首先要从改善不良生活习惯入手。医学专家提醒人们，尽量少抽烟、勤运动、改掉偏食坏毛病、了解家族病史，多吃些具有抗癌功效的食物。

推荐食材

牛奶、酸奶、蜂蜜、蜂乳、花粉类食品、海产品、食用菌类、芦笋、薏米、果品等。

相 关 链 接

怎样有效预防子宫癌

◆每年进行宫颈涂片和盆腔检查。

◆经常运动可以远离子宫癌。中国科学家的研究报告指出，女性进行重力训练等会流汗的运动，患子宫癌的比例会减少一半。美国防癌协会阿尔帕·帕蒂尔医生领导的研究也发现，女性特别是更年期后的女性，可做些诸如游泳、跑步、慢跑之类的运动且每天保持1小时以上，可降低患乳癌的概率。

汤饮养生堂 1000例

番茄玉米浓汤

【材料】番茄1个，玉米粒50克，洋菇30克，橘子两三瓣，青豆罐头1罐

【调料】素高汤、鲜奶、水淀粉、盐、味精、白胡椒粉各适量

【做法】1.番茄洗净去蒂，切成小丁；玉米粒洗净；橘子切碎。

2.取出罐头中的青豆（罐中汤汁去掉）加上素高汤，放入果汁机中打成泥浆后加入鲜奶、盐、味精、白胡椒粉及水淀粉拌匀。

3.将青豆泥和处理好的所有材料一起煮滚，改小火续煮3分钟即可。食前可加入奶油提味。

养生专题 番茄中的番茄红素具有独特的抗养化作用，可清除自由基，保护细胞，使脱氧核酸免遭破坏，从而有效抑制癌变。医学专家表示，番茄除了能预防前列腺癌，还能减少胰腺癌、喉癌、直肠癌、肺癌、口腔癌等的发病率。

鸡丝银鱼汤

【材料】大银鱼250克，鸡胸肉150克，青菜心3棵

【调料】高汤、盐、味精、胡椒粉、葱段、姜片、料酒各适量

【做法】1.银鱼去头尾，剔除肠子，取鱼肉洗净，用少许盐、料酒、葱段、姜片略腌备用。

2.将菜心切成两半后汆烫，鸡胸肉切成粗丝备用；大碗内放入汆过的菜心、高汤和胡椒粉。

3.锅内放入清水，旺火烧开，将鸡肉、鱼肉分别汆烫过放入装有菜心的碗内。

4.高汤用大火烧沸，加盐、味精、料酒调味，将汤缓缓倒入大碗内即可。

养生专题 银鱼属珍贵食用鱼，康熙年间被列入皇家贡品行列。银鱼肉味甘，无毒，富含丰富的蛋白质、脂肪、碳水化合物、多种维生素和矿物质等，是结肠癌患者的最佳食疗食品；除此之外，银鱼还具有益脾、润肺、补肾、增阳的功效，是上等的滋补产品。

豆 花银耳汤

【材料】豆花1碗,鲜平菇100克,银耳50克

【调料】盐、味精、酱油、香油各适量

【做法】1.把平菇洗净,撕开,放在碗中备用。

2.银耳用清水泡一下,泡发后去根,撕成小朵放在盘中备用。

3.锅中放入平菇、银耳加水适量,中火烧开后,倒入豆花再改用小火煮至平菇熟烂。

4.最后加入适量的盐、味精、酱油调匀,在上面淋上香油即可。

养生专题

银耳不但能增强机体抗肿瘤的免疫能力,还能加强肿瘤患者在接受化疗时的承受力,癌症患者经常食用银耳能减少痛苦,提高抗病能力;近代医学认为,平菇中富含一种抗肿瘤细胞的多糖体,对肿瘤细胞有很强的抑制作用,具有免疫特性;豆腐中所含的植物雌激素能有效预防乳腺癌、前列腺癌,将这三者结合煲汤,可谓相得益彰。

薏 米芦笋汤

【材料】薏米、鲜百合各100克,芦笋50克,香菇30克,猪瘦肉150克

【调料】盐适量

【做法】1.将薏米用清水浸泡半天,放高压锅中煮至鸣叫3分钟即可,晾凉备用。

2.芦笋洗净,切成小段;百合洗净,逐片掰开;香菇加水浸1小时,去蒂,切片。

3.瘦猪肉用温水洗净,切成长条。

4.把薏米、百合、芦笋、香菇、猪瘦肉一同放入瓦罐中,加水足量,小火炖煮熟后,用盐调味即可。

养生专题

现代医学研究证明,薏米有防癌的作用,原因在于,薏米中含有"薏苡仁酯"、"薏苡仁内酯"等成分,能有效抑制癌细胞的增殖,对胃癌、子宫颈癌的治疗具有很好的辅助作用,健康人食用薏米,可提高身体免疫力、降低肿瘤的发病概率;芦笋也具有抗癌作用,它能有效地防治癌细胞扩散,国际癌症病友协会研究认为,芦笋对膀胱癌、肺癌、皮肤癌具有特殊的食疗功效。

浓汤猴头菇

【材料】猴头菇200克，红枣4颗

【调料】盐、蘑菇精各1小匙，蘑菇浓汤适量

【做法】1.将猴头菇用清水洗净，切块，备用。

2.红枣去核，洗净，一切两半，备用。

3.砂锅置火上，将蘑菇浓汤倒入锅内，放入所有材料，小火慢炖，30分钟后加盐、蘑菇精调味即可。

养生专题 猴头菇又叫做猴头、猴头菌。现代医学研究发现，猴头能抑制癌细胞中遗传物质的合成，进而能有效预防消化道癌症和其他恶性肿瘤，猴头中所含的不饱和脂肪酸，可促进血液循环，降低血液中胆固醇的含量，有效预防高血压、心脑血管疾病的发生。

韭菜猪肚汤

【材料】生晒参6克，枸杞子10克，猪肚250克，砂仁5克，木耳、韭菜、薏米各30克

【调料】香油、盐、味精各适量

【做法】1.生晒参加水浸1小时；枸杞子洗净，放入清水中浸泡10分钟。

2.薏米放高压锅中煮至鸣响3分钟,捞出晾凉。

3.木耳用温水浸透，洗净，撕成小块；韭菜择洗干净，切成段；猪肚用淡盐水洗净，放入沸水中煮20分钟，切片。

4.将肚片、生晒参、薏米一同放入瓦罐中，小火煲1小时，放入枸杞子、韭菜、木耳、砂仁、盐、味精，改用中火煮5分钟，淋上香油，即可食用。

养生专题 古人认为韭菜具有治疗噎嗝病的功效（古代所谓的噎嗝病即为现代的食道癌、胃癌）。现代抗癌研究成果表明，韭菜的水溶性提取物有抗突变能力，能有效抑制癌细胞突变其中所含的挥发性酶，能激活巨噬细胞，有效预防癌细胞的繁殖和转移。

牛 莠香菇汤

【材料】牛莠半根，香菇5朵，胡萝卜1根，枸杞子适量，葱1根

【调料】高汤、盐各适量

【做法】1.牛莠去皮切丝；香菇泡水至软后切丝；胡萝卜切块；葱切花。

2.将材料放入高汤，加盐滚煮，约8分钟即可。

> **养生专题** 香菇的药用价值很高，正常人多吃能起到防癌的作用，癌症患者经常食用能抑制肿瘤的生长；而牛莠也是一种健康蔬菜，保健功效很强，二者结合煲汤，保健功效更强，癌症患者可借此缓解病情，常人可利用该汤品保健强身。

肉 片南瓜汤

【材料】猪肉片150克，南瓜200克，红枣6颗，香菜少许，姜1片

【调料】柴鱼精半小匙，盐、白胡椒粉、料酒各适量

【做法】1.南瓜去子后切大块；香菜切段。

2.用油炒香姜片与南瓜后，加入料酒、水与红枣，烧开煮10分钟捞出油沫，加入其他调料煮2分钟再放肉片，最后撒入香菜即可。

> **养生专题** 南瓜能有效消除致癌物质——亚硝酸氨的突变，防止癌细胞发生病变，诱发其他疾病，南瓜中的果胶，能中和清除体内的金属和部分农药，因此有防癌、防中毒的作用。

第十二节 腰痛 YAOTONG

● 专家解析 ●

腰痛是指以腰部一侧或两侧疼痛为主的疾病。中医认为，腰为肾之府，所以腰痛与"肾脏"有着密切的联系。

西医认为，腰痛的成因还有其他因素，如腰肌劳损、脊椎病变、局部外伤及腰部风湿痛等，这与坐骨神经疼痛似乎有些相似，可事实上，腰痛与坐骨神经痛之间还有一些区别。腰痛很少牵连腿痛，而坐骨神经痛则不然，有时还会累及腿痛或肢端麻痹。

● 临床表现或危害 ●

腰痛可分为虚证和实证，所谓虚证，指患者因身体素质不佳、长时间处于劳累状态、性生活无节制、年老体虚，导致肾精不足，才出现腰痛的症状；所谓实症，是指因腰部经络受阻引起的疼痛，通常情况下，不外乎扭挫伤或受了寒湿或湿热，致使经络受阻，出现疼痛状况。在选择汤饮治疗时，应分清状况，搞清腰痛的病源，然后再对症下汤，否则，不但达不到预期效果，还可能增加病人的痛苦。

虚证的临床表现为：腰部隐隐作痛，绵绵不已，并伴有精神疲倦、四肢冰冷、心烦意乱等。

实证的表现为：腰部酸痛、俯仰不便等。

诊断腰痛根源并不是一件多么困难的事。一般来说，如果有发病史，且腰痛时伴有肾虚的症状，常以补肾为主。倘若腰部因扭伤、挫伤而导致的疼痛，大多以强筋健骨为主。

● 调理方法 ●

中医还认为腰痛患者要注意腰部保暖，严禁用冷水冲澡防止寒气入侵加重病情，生活上应有所节制，特别是夫妻间的房事行为，最好能自我控制，尤其是因肾虚引起腰痛者，更应注意这一点。

根据中医的意见，因肾虚引起的腰痛患者，在使用汤饮疗法时，应选择具有补肾功效的煲汤材料，这样才能达到预期目的。

● 推荐食材 ●

猪脚、核桃、杜仲、枸杞子等。

推荐汤品 >>

墨鱼猪脚汤

【材料】墨鱼干1个，猪脚1只，莴笋50克，花豆20克，葱白节、姜片各适量

【调料】料酒1大匙，胡椒末、盐各1小匙

【做法】1.墨鱼干去骨泡胀，切块；猪脚洗净，切块；花豆洗净泡涨；莴笋去皮，切滚刀块。

2.墨鱼干、猪脚块、花豆加适量清水煮开，撇净浮沫，入高压锅内，放葱白节、姜片，加料酒、胡椒末，加盖压15分钟，放气揭盖。

3.加入莴笋煮熟，拣去姜、葱不用，加盐调味即成。

养生专题 猪脚中含有丰富的胶原蛋白，脂肪含量也非常高，具有促进发育和延缓衰老的作用。传统医学认为，猪脚有壮腰补膝的作用，可治疗因肾虚引起的腰膝酸痛。

凤 爪排骨栗子汤

【材料】栗子肉、排骨各250克，鸡爪8只

【调料】陈皮1块，盐适量

【做法】1.鸡爪过滚水汆烫，去老皮、爪尖、洗净；栗子去壳、内皮，取肉；排骨洗净，斩段；陈皮浸透，洗干净待用。

2.将所有材料一同放入锅中，倒入适量清水，放入陈皮，中火煲3小时后，用盐调味即可。

养生专题 中医认为：栗子能补脾健胃，补肾强筋，活血止血。其药用价值可与人参、黄芪、当归媲美。对治疗肾虚有很强的辅助作用，被誉为"肾之果"，对因肾虚引起的尿频、腰腿酸软等症，有辅助治疗作用。

桃花生猪骨汤

【材料】核桃肉 30 克，花生仁 50 克，猪脊骨 300 克，生姜 1 片

【调料】陈皮 1 块，盐适量

【做法】1.将核桃肉与带红外衣的花生米一同放入清水中浸泡 15 分钟，洗净后备用。

2.猪脊骨切成小块，放入沸水中汆烫，去血水，洗净备用。

3.生姜、陈皮分别洗净备用。

4.向锅中倒入适量的清水，放入生姜、陈皮煮沸后，放入其他材料，大火煲至水沸，撇去浮沫后，改用中慢火慢煲，3 小时后用盐调味即可。

养生专题 核桃是传统的补肾佳品，也是治疗肾虚的药膳中常用的主料，无论是配药用，还是单独生吃、煲汤，都有补血养气、补肾填精等良好功效，尤其对于肾虚引起的腰痛有着很好的改善作用。肾功能不强、肾虚患者均可常饮此汤。

檬猪脚火腿汤

【材料】猪脚 500 克，香菇 50 克，火腿 20 克，柠檬半个，姜片、葱段各适量

【调料】A：高汤 2 大碗，料酒 2 大匙

B：盐适量，味精 1 小匙，胡椒粉 2 小匙

【做法】1.猪脚去净毛洗净，砍成块；香菇处理干净，火腿切片；柠檬洗净切成圆片。

2.锅内放水煮沸，放入猪脚汆烫，去血水，捞出，冲洗干净。

3.取瓦煲一个，加入猪脚、香菇、火腿、柠檬片、姜片、葱段，注入 A 料，用小火煲 1.5 小时，去除姜、葱，加入 B 料再煲 20 分钟，关火，撒上葱花即可。

养生专题 现代医学研究证明，柠檬汁中含有的柠檬酸盐对肾脏具有一定的滋补功效，本汤不但味道鲜美，营养价值及功效也很高，适合因肾虚引起的腰腿疼痛患者饮用。

仲桑寄生牛尾汤

【材料】杜仲15克，桑寄生3克，牛尾1条，小葱1根，生姜2片

【调料】陈皮2小块，盐适量

【做法】1.陈皮、杜仲、桑寄生分别洗净后放入清水中浸泡15分钟。

2.牛尾去肥脂，洗净后切段，与生姜、葱一同放入沸水中汆烫，捞起，备用。

3.向汤锅内倒入适量的清水，将所有材料及陈皮一同投入锅中，大火煮至水滚，再改中火慢煲，2小时后用盐调味即可。

养生专题

杜仲性温，味辛；入肝、肾经，有补肝肾、强筋骨安胎的功效，特别适合因肾虚引起的腰腿酸痛，与牛尾搭配煲汤，更能体现其养生保健价值。

 杞猪腰汤

【材料】枸杞子20克，猪腰2个，瘦肉200克，葱1根，生姜2片

【调料】料酒少许，盐、胡椒粉各适量

【做法】1.猪腰切开，去白色筋膜，洗净，用适量盐，腌制10分钟。

2.将猪腰冲洗干净后切成小块，再用料酒浸泡10分钟备用。

3.瘦肉洗净切薄片；枸杞子、生姜和葱分别洗净，葱切小段备用。

4.将处理好的所有材料，一同放入锅内，加入1碗清水，大火烧开，5分钟后转用慢火煮，20分钟后用盐、胡椒粉调味即可。

养生专题

中医认为：枸杞性平味甘；归肝、肺和肾经，主要功效为滋补肝肾。每提到枸杞子，人们会自然想到，它的明目功效，其实，它对肝肾的补益作用，也不可忽视。对于治疗因肝肾阴虚引起的腰膝酸软、遗精、消渴等症尤为见效。

第十三节 **月经不调**

YUEJINGBUTIAO

● 专家解析 ●

月经周期、量、色、质等，任何一点出现异常，都属于月经不调。正常的月经周期在25～35天之间，经期为1～6天，若月经偶尔提前或延后7天之内都属于正常范围，如果超出正常范围即是医书上所说的"月经先期"及"月经后期"。

中医认为，导致月经不调的原因为情志内伤、饮食不调、体质虚弱、起居没有规律等，造成肝、脾、肾、任冲二脉等功能失调，因此，治疗月经不调首先从调理气血、平衡脏腑开始。

● 临床表现或危害 ●

月经不调的临床表现有：月经先期、月经后期、月经先后不定、月经过多、月经过少等。中医认为，月经不调容易造成气虚，进而加快女性的衰老速度，一改往日靓丽容颜。

● 调理方法 ●

月经不调按其致病原因可分为实热型、肝热型、气虚型和虚热型。可根据不同类型选择恰当的药进行调理。不过，药物治疗必竟对身体没有益处，最好避免用药。其实，食疗同样可以治疗月经不调，而且对健康有益无弊，月经不调者可根据个人情况选择恰当的食材，煲一些符合自身情况的汤水，改善月经不调的现象。

中医认为，月经病属于血淤型。经期过程中，如果出现痛经、经液中掺有血块，可食用些具有活血功效的食物，便可以促进血液循环，改善痛经、经液中掺杂血块现象。因气血虚导致月经不调者，也可采取食物疗法，改善病情。

相关链接

运动辅疗月经不调

适当进行体育锻炼和体力劳动，以增强体质、改善血液循环，但经期不宜做剧烈运动而应注意休息。

跪在床上，腰弯下，前臂屈身贴在床上，胸部尽量向下压，臀部高高拱起。这个方法有利于经血外流，避免盆腔淤血。

● 推荐食材 ●

红糖、山楂、莲藕、乌鸡、阿胶、木耳、海参、乳鸽、蚌肉等。

推荐汤品 >>

丹参猪肝汤

【材料】猪肝350克，丹参50克，油菜70克，葱段适量

【调料】盐、料酒、味精各适量

【做法】1.猪肝清洗干净后切成片，放入沸水锅中氽烫，捞出洗净；油菜择洗净，备用。

2.丹参放入清水锅中，大火煮20分钟，再将猪肝片、葱段、料酒、盐一同放入锅中，继续煲煮15分钟，投入油菜，5分钟后用味精调味即可。

养生专题

中医认为，丹参味苦，性微寒；归心、肝、心包经，具有祛淤止痛，活血通经，清心除烦的作用，可治疗月经不调、经闭痛经；猪肝又是补血食品中最为常见的一种，其补血功效要高于猪肉，对月经不调者同样具有滋补功效。因此，本汤品具有调经止痛、益气养血的作用。

当归红花山药汤

【材料】山药120克，老母鸡1只，赤芍18克，当归15克，红花5克，生姜、枸杞各适量

【调料】料酒、盐、鸡粉各适量

【做法】1.鸡宰杀后，去毛及内脏，洗净，控干。

2.赤芍、当归、红花放入清水中浸泡半天，放入洁净的纱布袋中，扎好口放入鸡腹内，山药用清水浸泡半天，同生姜、枸杞一并放入鸡腹中。

3.将鸡放瓦罐中，加水足量，放料酒、盐，小火煲2小时后弃药包，加鸡粉调味，即可。

养生专题

中医认为：赤芍味苦，性微寒，具有清热凉血，活血化淤，消肿止痛的功效，能有效抑制血小板聚集，防止血栓形成，对冠心病、心绞痛、脑血栓等症有一定的治疗功效；当归、红花均有活血化淤的功能；生姜可祛寒止痛，山药、鸡肉能补虚劳，滋补五脏，将这几种材料配合煲汤，能有效调理月经问题。

鱼油菜汤

【材料】油菜200克，红椒2个，墨鱼肉200克

【调料】高汤、盐各适量，烧汁2大匙，料酒1大匙

【做法】1.油菜去根，洗净，备用。

2.墨鱼处理干净后，切成条，备用。

3.将高汤倒入汤锅中烧沸，将所有材料、调料一同放入锅中，大火烧开，继续煲煮5分钟即可。

养生专题

墨鱼中富含优质蛋白质以及人体必需的多种维生素和矿物质，具有一定的药用价值。对女性来说尤为适合。中医典籍《皇帝内经》中记载，墨鱼主治女性闭经、血枯等症。经过大量的实践证明，墨鱼还具有滋阴养血、益气强筋的功效，能有效治疗子宫出血、消化道出血、肺结核咳血等症。

山 药花生瘦肉煲

【材料】枸杞子20克，山药、猪瘦肉各150克，花生仁60克，生地黄、熟地黄各12克，葱适量

【调料】盐、味精各适量

【做法】1.枸杞子、生熟地黄洗净，放入清水中浸1小时；山药去皮，切块；花生仁用清水浸泡。

2.猪瘦肉用温水洗净，切成小块。

3.将生地黄、熟地黄、山药、花生仁、猪瘦肉块一并放瓦罐中，倒入浸药的汁水，煮沸后撇去浮沫，继续煮，1个小时后放入枸杞子，再用中火煮10分钟，即可用盐、味精、葱调味，搅拌均匀后，5分钟后即可。

养生专题

该汤品适合月经先期者饮用，其中枸杞子、山药可补肾益精；生地黄与熟地黄能凉血清火；而花生则具备止血的作用，尤其是外面一层红衣，可提高血小板的凝血作用，有效预防大量出血。

红枣瘦肉汤

【材料】瘦肉300克，红枣10颗，生姜3片
【调料】盐1小匙
【做法】1.瘦肉洗净，切片；红枣去核，洗净备用。
2.瘦肉放入沸水中氽烫，捞出备用。
3.净锅置火上，倒入适量清水烧开，投入瘦肉、生姜，煮开后投入红枣，肉熟后用盐调味即可。

【养生专题】红枣是调节内分泌、补血养颜的传统食品，还有调经益气、滋补身体的作用。月经量大、经来腹痛者可常食用红枣，对改善月经问题，很有帮助。

莲藕排骨汤

【材料】猪骨300克，莲藕150克，花生仁50克，红枣10颗，生姜1块
【调料】盐适量，鸡粉、料酒各少许
【做法】1.花生仁洗净；猪骨砍成块；莲藕去皮切成片；红枣洗净；生姜切丝。
2.锅内烧水，待水开后，投入猪骨，用中火煮尽血水，捞起用凉水冲洗干净。
3.取炖盅一个，加入猪骨、莲藕、花生仁、红枣、姜丝，注入适量清水和料酒加盖，炖约2.5小时，调入盐、鸡粉，大火烧开，继续煲煮5分钟即可。

【养生专题】莲藕含铁量高，对缺铁性贫血症有食疗作用。月经过多、经期延长、颜色淡红或行经时牙龈出血、皮下出血者，不妨多吃些莲藕，可有效缓解以上症状，本汤品可作为月经不调者的最佳选择。

胶炖乌鸡

【材料】净乌鸡250克，高丽参10克，阿胶12克

【调料】盐适量

【做法】1.乌鸡洗净，切成小块。

2.高丽参去蒂，切片，阿胶打碎，待用。

3.将所有材料一同放入炖盅内，注入适量的清水，隔水小火炖约2小时，用盐调味即可。

中医认为，阿胶甘平质润，性黏收敛，既能补血止血，又能滋阴润肺，是月经不调者的理想补品，可用于治疗血虚萎黄、头晕、心悸、吐血、便血、肺阴不足、肺燥干咳、少痰咳血、虚火上炎等症。

赤 小豆荸荠煲乌鸡

【材料】乌鸡半只，赤小豆50克，红枣5颗，荸荠适量，葱少许，生姜1块

【调料】高汤适量，盐适量，料酒1大匙，味精、胡椒粉各少许

【做法】1.赤小豆用温水泡透；乌鸡砍成块；荸荠去皮；生姜去皮切片；葱切段。

2.锅内烧水，待水开时，投入乌鸡，用中火煮3分钟至血水尽时，捞起冲净。

3.砂锅中倒入所有材料，注入高汤、料酒、胡椒粉，加盖，用中火煲开，再改小火煲2小时，调入盐、味精，继续煲15分钟，撒上葱段即可。

赤小豆不但健脾益胃，利尿消肿，最主要的功能是能补血。《本草纲目》认为，乌鸡是滋补的最佳食品，不但能补足气血，还具备一定的调经功效，与赤小豆搭配煲汤，可使调经作用更好，月经不调者，可经常食用。

第十四节 脂肪肝
ZHIFANGGAN

● 专家解析 ●

所谓脂肪肝，是指肝细胞因脂肪堆积过多而产生多种病变。

脂肪肝的形成与很多因素有关，如：长期大量饮酒，造成酒精中毒，使肝脏内的脂肪无法被正常氧化，最终发展成肝硬化；长期大量摄入高脂饮食或偏爱碳水化合物，导致肝脏内脂肪堆积过多，造成脂肪肝；肥胖、运动量小，也是脂肪肝的发病原因之一；糖尿病、肝炎、某些药物引起的急性或慢性肝损害，都是诱发脂肪肝的罪魁祸首。

● 临床表现或危害 ●

脂肪肝可根据其发病快慢分为急性和慢性两种：

急性脂肪肝与急性、亚急性病毒性肝炎相似，临床症状为疲劳、恶心、呕吐，短时间内可出现肝昏迷和肾衰的状况，病情严重时，患者可在几小时之内丢掉性命，如果治疗及时，便可在短时间内好转，急性脂肪肝的发病概率比较小，一般很少见。

慢性脂肪肝则不同，是一种比较常见的病，其特点是：发病缓慢、病程较长，发病初期没有任何症状，只有通过B超才能发现脂肪肝的存在。临床上表现出来的症状为：食欲不振、恶心、乏力、肝区疼痛、腹胀、右上腹胀满等。由于这些症状没有特别之处，所以常被人们误诊误治。

● 调理方法 ●

专家认为，汤饮对防治脂肪肝具有很好的效果，特别是以海带为主要原料的汤品。这是因为海带中多种营养的综合作用，会使脂肪在人体内的蓄积趋向皮下和肌肉组织，有效预防脂肪肝的形成。

● 推荐食材 ●

海带、南瓜、香菇等。

相关链接

自助按摩治疗脂肪肝

◆每日晨醒后，晚睡前，按摩腹部5～10分钟，然后移手掌于右肋骨下肝脏部位轻揉3～5分钟。

◆按压中脘穴(肚脐至胸骨下端线1/2处)、三阴交穴(脚内踝尖直上三寸，腿骨后缘)、足三里穴(膝部，外膝眼下三寸)，可以改善脂肪肝症状。每穴顺、逆时针各按压3～5分钟。

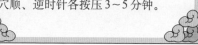

鸡 脘心肝汤

【材料】鸡脘1个，鸡肝1副，鸡心2个，枸杞子适量，红枣5颗，姜1小块，葱1根

【调料】鸡高汤2碗，料酒少许，盐适量

【做法】1.鸡脘清洗干净，切片；鸡肝、鸡心洗净后，对切成半；姜切丝；葱切花；备用。

2.将预先准备好的鸡高汤倒入汤锅，煮沸。

3.加入鸡脘、鸡心、枸杞子、红枣、料酒和姜丝，待汤再次滚沸后，改小火煮30分钟。

4.再加鸡肝煮10分钟，加入盐，撒些葱花提香即可盛出。

养生专题 鸡内脏虽小，功效却很大，它们含有丰富且优质的动物性蛋白质、铁质、钙质等营养素，而脂肪肝患者，应多食用高蛋白物质，及时补充维生素及矿物质，鸡肝中含有脂肪肝患者必须的营养元素，因此，经常食用，对肝脏能起到补益作用。

虾 丸黄瓜汤

【材料】黄瓜1根，虾丸120克，木耳20克，姜3片

【调料】A：素高汤、清水各2.5杯，白酒1大匙

B：盐半小匙

C：香油1小匙

【做法】1.黄瓜去外皮，洗净，对半切开，再对切成四等份，去子，切片；虾丸洗净备用；木耳洗净，放入温水中泡软，去蒂、杂质，撕成小朵，沥干水分。

2.油锅烧热，放入姜片爆香，加入木耳，倒入调料A、虾丸和调料B煮开，再加黄瓜片煮滚，淋上调料C即可。

养生专题 黄瓜能抑制糖类物质转化为脂肪，对肺、胃、心、肝及排泄系统都非常有益。黄瓜所含的黄瓜酸，能促进人体的新陈代谢，排出毒素。黄瓜中含有的维生素C比西瓜高5倍，脂肪肝患者多吃黄瓜对调节病情有很大帮助。

汤饮养生堂1000例

菜清汤

【材料】芹菜 250 克

【调料】冰糖适量

【做法】1.将芹菜用清水洗净切段，然后放入搅拌机搅汁，待用。

2.将芹菜汁用白纱布过滤除杂质、残渣，加清水适量煮沸，最后放入冰糖，煮至糖化即可。

养生专题　脂肪肝患者应避免食用含脂肪量过高的食物，可多食用些黄绿色蔬菜，对缓解病情有很大帮助。芹菜的营养非常丰富，含有蛋白质、各种维生素、矿物质及人体不可缺少的膳食纤维，能为脂肪肝患者提供机体必需的营养成分，同时还能促进胃肠蠕动，促进胆固醇的排泄。

 药牛肉汤

【材料】山药 200 克，牛肉 300 克，山楂、胡萝卜、土豆各 30 克

【调料】盐、味精、醋各适量

【做法】1.山药、土豆分别洗净，去皮，切成小方丁；胡萝卜洗净，切成丁；山楂放入清水中浸泡 2 小时。

2.牛肉用温水洗净，放入开水锅中煮 10 分钟，捞出洗净，切成块。

3.牛肉与山楂同放入瓦罐内，小火炖 1 小时。

4.取出山楂后，放入土豆丁、胡萝卜丁、山药丁，搅匀后放盐，继续炖 30 分钟，再放入味精即可。

养生专题　牛肉的蛋白质含量很高，但脂肪的含量却很低，脂肪肝患者，不必担心，因吃牛肉而加重病情；山药中的脂肪含量也很低，几乎为零，山药中含有的淀粉酶消化素，能分解蛋白质和糖，避免脂肪大量堆积；山楂是一种酸中带甜的水果，可起到增强食欲，促进消化的作用。

姜片蒜苗汤

【材料】蒜苗100克　姜5片

【调料】盐适量

【做法】1.蒜苗择洗干净，切成小段，备用。

2.清水锅中加入适量清水，烧开后，放入蒜苗、姜片，稍煮片刻，待蒜苗熟透后，用盐调味即可。

养生专题

因为肝病患者往往存在维生素不足、微量元素缺乏，这都会影响到肝细胞的修复再生和肝功能的恢复。蔬菜中不仅含有丰富的天然维生素，还含有大量的膳食纤维、木质素、果酸、无机盐等，这些物质是肝病康复过程中必不可少的营养成分。蒜苗则属于健康绿色蔬菜之一，能为脂肪肝患者提供所需营养成分，常喝此汤，可缓解病症带来的不适。

海带萝卜汤

【材料】海带150克，猪肋排250克，白萝卜500克，生姜适量

【调料】盐、味精各适量

【做法】1.海带放入清水中浸泡1天，洗净后，切丝。

2.猪肋排用温水洗净，切成小段，放入沸水中汆烫，去血水，捞出备用。

3.将猪肋排、海带、白萝卜、生姜一同放入瓦罐中，加入适量的清水，大火烧开后，改用小火煲2小时后取出生姜，放盐、味精，继续煮5分钟即可。

养生专题

海带含大量淀粉硫酸脂等多糖类物质，对降脂、降压很有帮助；海带属于碱性食物，而肋排是酸性食物，二者相互结合，能维持人体内的酸碱平衡；海带中还富含大量的蛋白质与氨基酸，可为脂肪肝患者提供必要的营养元素，迅速补充体力，与萝卜、生姜配合煲汤，则提高了该汤的消脂功效，适宜于脂肪肝患者食用。

第十五节 高脂血

GAOZHIXUE

高脂血是指，因血清中胆固醇、甘油三酯等人体必需的营养物质数量超标，诱发的一种疾病。通常情况下，胆固醇含量低于5.172毫摩／升，甘油三酯含量低于2.032毫摩／升，属于正常范围，倘若经常超过标准范围，则可被诊断为高脂血。

日常饮食不合理，是患高脂血症的主要原因之一。长期摄入高脂肪、高蛋白、高糖食物的人，患高血脂症的概率比正常人要高。

临床表现或危害

高脂血症又是诱发动脉粥样硬化、脑血栓、冠心病的主要危险因素之一，也是影响血糖代谢和血黏度的重要因素。高脂血症的初期并没有明显症状，因此，它对人体的伤害是隐匿的、循序渐进的。因此，很多人不能意识到高脂血症的危害性，从而耽误病情，给身体造成重大伤害。

动脉粥样硬化的形成与高脂血症密切相关，大量的低密度脂蛋白、甘油三酯、胆固醇沉积在血管壁内，使得动脉血管变厚、狭窄、僵硬，导致血液流通不畅，身体的重要器官得不到所需氧分，会引发许多疾病。

科学研究表明，高脂血症是诱发中风、心肌梗死、心脏猝死的重要危险因素。不仅如此，高脂血症还可导致脂肪肝、肝硬化、胆石症、胰腺炎、眼底出血、失明、周围血管疾病等。

由此看来，高脂血症对人类健康的危害不能忽视。必需注意日常饮食，改掉不良的饮食习惯。

调理方法

患有高脂血症者，或尚未受到该病威胁的健康人，都应该加强保健意识，只要每天抽出一定的时间，煲一锅营养丰盛的汤水，既能保健又能强身。

推荐食材

玉米、菜花、香菇、墨鱼、油菜、山楂、芹菜、冬瓜等。

推荐汤品 >>

芹菜鸡蛋汤

【材料】绿豆、芹菜各60克，鸡蛋1个

【调料】盐适量

【做法】1.绿豆洗净，放入清水中浸泡，2小时后拣去未被泡发的死豆；芹菜择去叶，洗净切段；鸡蛋取蛋清。

2.把绿豆、芹菜一同放入搅拌机内，加入适量的清水，搅绊成泥。

3.向净锅中倒入2碗清水，煮沸后倒入绿豆芹菜泥，再放入鸡蛋清推匀，再用盐调味即可。

养生专题

芹菜的营养价值很高，是治疗高血压、血管硬化的最佳食材，不仅如此，芹菜还能促进血液循环，利大小便，降血压，降血脂，增进食欲；芹菜还是一种促进性功能的食品，能提高人的性欲，西方称之为"夫妻菜"，曾被古希腊的僧侣列为禁食。

黄豆木瓜汤

【材料】泡黄豆30克，鲜木瓜半个，草菇4朵，小油菜少许，生姜1块

【调料】盐适量，白糖少许

【做法】1.鲜木瓜去皮、子，切块；小油菜去老叶，洗净；草菇切片；生姜去皮切片。

2.热锅下油，待油热时，放入姜片炒香，注入清水，加入泡黄豆、草菇，用中火烧开。

3.加入木瓜、小油菜，调入盐、白糖，用大火滚透，倒入汤碗内即可食用。

养生专题

黄豆中有不饱和脂肪酸等成分，可促进血液中的废物及脂肪快速排出，强化心脏功能，适当地摄取有助于健康，与木瓜搭配，不但味道鲜美，其营养价值也有所提升。

冬瓜薏米墨鱼汤

【材料】墨鱼 200 克，冬瓜 250 克，薏米 20 克

【调料】盐适量

【做法】1.冬瓜连皮洗净，切块；薏米放入清水中浸泡半小时；墨鱼洗净，去骨取肉。

2.将薏米放入汤锅内，加入适量清水，大火煮沸后，改成小火煮 20 分钟，加冬瓜煮至透明，再放入墨鱼煮熟，用盐调味即可。

养生专题 冬瓜被称为肥胖者的理想蔬菜，因为冬瓜能促进体内淀粉、糖转化成热能，而不变成脂肪，可有效避免脂肪在体内堆积，因此具有减肥、降脂的功效；墨鱼则有滋阴养血的作用。

山楂决明红枣汤

【材料】山楂 20 克，决明子 15 克，红枣 50 克

【调料】冰糖适量

【做法】1.山楂、决明子分别洗净；红枣去核，洗净。

2.把全部材料一同放入锅内，倒入适量的清水，大火煮沸后，小火慢煲 1 小时后用冰糖调味即可饮用。

养生专题 山楂具有扩张血管、增加冠状动脉血流量、降低胆固醇、软化血管，最终起到降血脂的作用。此汤适合便秘、高血压、高脂血症患者常服。

[重点提示] 脾胃虚弱者最好不要食用山楂，健康人食用山楂也应适可而止。

番茄菠菜汤

【材料】番茄、菠菜各200克，黄芪50克

【调料】盐适量

【做法】1.番茄氽烫去皮，切瓣；菠菜去根，洗净后氽烫，切段。

2.将黄芪放入清水锅中，煮沸后放入番茄，再次煮沸后放入菠菜煮开，用盐调味即可。

本汤中富含丰富的类胡萝卜素，具有降低血脂的功效。番茄中含有大量的尼克酸，能有效预防动脉硬化以及血管疾病的发生；而菠菜也是营养价值及药用价值集聚一身的保健食材。常喝此汤能预防心脑血管疾病。

鱼肉芒果咖喱汤

【材料】鳕鱼200克，芒果50克，洋葱末、香菜末各少许

【调料】鱼露1小匙，咖喱粉2小匙，辣椒粉1小匙，椰汁少许

【做法】1.鳕鱼处理干净后切块；芒果去皮、核，切成方块，备用。

2.将椰汁倒入锅内，再加入适量清水，然后把其他调料、洋葱末一同放入容器内，搅拌均匀后，放入鳕鱼块、芒果，大火煮沸后，改小火煮，直到鱼肉熟透后，撒入香菜即可。

 芒果又叫做望果，被誉为"热带水果之王"。芒果中的营养元素很多，其中维生素C的含量高于很多水果，并能有效地降低人体内胆固醇、甘油三酯的含量，对降低血脂有很好的辅助作用。不仅如此，芒果中的维生素C还具有预防心血管疾病的功效。

[重点提示] 由于芒果带湿毒，患有皮肤病、肿瘤的人不宜食用。

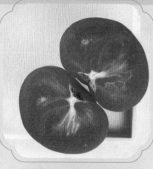

第七章

四季

养生汤 。。。

春、夏、秋、冬，每个季节都有不同的特点，人的身体机能也会随着气候的更替而发生改变，一旦不能尽快适应气候的变化，就会出现种种不适，如：春天易感染、夏天易疲劳、秋天易烦躁、冬天易感冒受寒，虽然这些都是小毛病，但也可能给健康带来重大伤害，影响正常的工作生活。为了避免这些不必要的麻烦，可以根据每个季节的固有特点，煲出适合个人体质的汤水。

第一节 春之汤饮
CHUNZHITANGYIN

● 春季特点 ●

"一年之际在于春"，春天的到来总能让人感到体力充沛。春天不仅给人带来了希望，也为万物的复苏提供了有利环境。从养生的角度而言，春天人体内的肝胆经脉都很活跃旺盛，正是滋补的大好季节。但是，万事万物都具有两面性，利与弊相伴而生，春天也是细菌繁殖的大好时节，人们在享受的同时，别忽略了细菌的破坏性。

● 养生方案 ●

在这个春暖花开的季节里，如果想体验养生的真谛，不妨利用闲暇之余，煲一锅滋补强身、营养丰富的汤水。

有些人或许会把煲汤当成负担，认为这是浪费时间的行为。有这种想法的人就大错特错了，煲汤不仅不是在浪费时间，而是为自己创造健康，增添活力，相信在健康与浪费时间之间，人们会毫不犹豫地选择健康，任何人都不愿意用健康做赌注，这才是正确的养生观。

温暖的春天，用什么样的材料煲汤对身体有益呢？

● 推荐食材 ●

猪肚、生姜、鸡、大枣、绿豆、瘦肉、乌鸡、鸭胸、雪梨、豆腐、赤小豆、眉豆、红薯、半夏、陈皮、茯苓、白芍、白芷、生地、当归、川贝、杏仁、花旗参等。

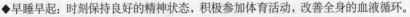

相 关 链 接

解决春困有绝招

◆早睡早起：时刻保持良好的精神状态，积极参加体育活动，改善全身的血液循环。

◆适当地接受刺激：使用一些清醒剂，如清凉油、风油精等。

◆按摩穴位：每天早晚按摩太阳、风池、内关等穴位，持续 3 ~ 5 分钟，也可抵制春困。除此之外，还可以坚持做晨练，到空气清新的地方进行有氧呼吸。平时多注意喝水，少吃油腻、热性食物，尤其是火锅。长期在办公室工作的人，要适当做做头部按摩，以缓解疲劳。

推荐汤品 >>

 苦 瓜菠萝鸡

 胡 萝卜荸荠汤

【材料】胡萝卜、荸荠各200克，竹叶、甘草、香菜各适量

【调料】盐、白糖各适量

【做法】1.胡萝卜洗净切块；荸荠去皮洗净，一切两半；竹叶、甘草、香菜分别洗净备用。

2.把胡萝卜、荸荠、竹叶、甘草一同放入锅中，加入适量开水，大火煮沸，再改小火慢炖，2小时后放入盐、白糖搅拌均匀后，撒入香菜即可。

【材料】苦瓜200克，鸡腿70克，菠萝100克

【调料】盐1小匙

【做法】1.苦瓜洗净，去瓤及子，切块；菠萝去皮，切块，用淡盐水浸泡5分钟；鸡腿洗净，放入滚水中汆烫，捞出备用。

2.苦瓜及鸡腿一起放入锅中，加适量水及菠萝块，煮至熟烂，加入盐调味即可。

养生专题 春节是细菌繁殖的季节，苦瓜的清苦味道，除了解热外，还有助于增强免疫力，促进皮肤新陈代谢，增加皮肤的生理活性及弹性；菠萝有清热解毒，生津止渴等作用，且富含钾，有利尿、降血压的功效。该汤非常适合春天饮用。

养生专题 荸荠味甘，性寒，无毒，有清热凉肝、生津止渴、补中益气等功效。近年来，医学研究发现，荸荠含有一种抗病毒物质，可有效抵制感冒病毒，能用于预防脑炎及感冒的传染。能有效缓解积热、口渴心烦、抵抗力低下等症，适合春季饮用。

菜 花黄豆汤

【材料】菜花300克，水发黄豆100克，香菜末、葱丝各适量

【调料】花椒、酱油、盐、鸡粉、香油各适量

【做法】1.菜花洗净，掰成块；黄豆洗净，泡软备用。

2.向锅内倒入适量的清水，再放入黄豆、花椒，黄豆煮熟后，拣出花椒，放入菜花，大火烧开后改小火煮，直至菜花变软时，烹入酱油、盐，稍煮片刻，放鸡粉、香菜末、葱丝、香油，搅拌均匀后即可食用。

养生专题

菜花中含有大量维生素E，常吃能提高肝脏的解毒能力，可提高人体免疫力，有预防感冒和坏血病的作用。

[重点提示] 黄豆在消化吸收过程中会产生过多的气体，容易引起消化不良，有慢性消化道疾病的人不宜食用。又因为黄豆中含有不利于健康的抗胰蛋白和凝血酶，因此，不宜生吃，炒制的黄豆也不宜多食。

黄 芪红枣猪肘煲

【材料】猪肘500克，黄芪、红枣、木耳各30克

【调料】冰糖60克

【做法】1.猪肘刮洗净，放沸水锅中煮沸，5分钟后，捞出，放入清水中洗净，剁成小块，备用。

2.红枣、黄芪分别洗净后，放在同一碗中浸泡半天；木耳放入清水中浸泡半天。

3.将猪肘、木耳一同放瓦罐中，黄芪、红枣连同所浸之水一并倒入，再向瓦罐中注入足量清水，旺火煮沸后改小火慢煮，2小时后，去黄芪，下冰糖，继续煮10分钟即可。

养生专题

春季是生长的季节，人体的新陈代谢也随之旺盛起来，此时滋补身体，有助于强健体魄。黄芪、红枣、木耳均有补气效果，其中红枣还具有健脾胃的作用，常食可提高脾胃功能；猪肘滋养补益效果明显，本汤品囊括了三种滋补功效显著的食材，最适合春季饮用。

[重点提示] 春主生发，故寒凉、油腻、黏滞的食物要慎用，以免损伤脾胃阳气。另外，春季人们会觉得困乏没劲，提不起精神，多吃富含B族维生素较多的食物和新鲜蔬菜，能解除困乏、提高精神。

胡萝卜海带汤

【材料】胡萝卜、海带丝各100克，大葱50克

【调料】盐、鸡粉、香油各适量

【做法】1.将胡萝卜洗净去皮，切成细丝；海带丝用温水泡发清洗干净，放入沸水中汆烫，捞出沥干；大葱洗净切成长丝备用。

2.油烧至六成热，放入胡萝卜煸炒片刻，倒入适量的清水，投入海带丝，大火煮开后撒葱丝，加入适量的盐和鸡粉，淋入香油即可。

养生专题 春季是呼吸道疾病的高发期，而胡萝卜中含有大量的维生素A，可有效保护黏膜不受病菌感染；海带则可为人体提供大量的微量元素碘，并能帮助肠道清除毒素，因此，本汤品特别适合春季饮用。

春笋腊肉汤

【材料】新鲜春笋400克，腊肉100克

【调料】鸡汤、盐各适量

【做法】1.春笋去皮、老根，放入沸水锅中，煮10分钟，捞出后切成斜块。

2.腊肉用温水洗净，切成薄片。

3.将春笋、腊肉放进瓦罐内，倒入鸡汤后，小火煲1小时后投入盐，搅拌均匀，继续煮2分钟后起锅食用。

养生专题 春笋中含有大量的膳食纤维，其保健功能不可忽视。医学研究发现，经常食用春笋，可提高人体免疫力，对防治高脂血症、高血压、冠心病、肥胖症、肠癌、痔疮有一定帮助。

[重点提示] 吃竹笋虽然有很多好处，但不能大量食用，否则会引起腹胀、腹痛等胃肠道不适。患有胃溃疡、胃炎、腹泻、消化不良病症的人应当慎食。

鲜鱼汤

【材料】海鱼1条，大蒜10瓣，葱1小段

【调料】盐1小匙

【做法】1.鱼去磷、鳃、肠后洗净，在鱼背斜划几刀。

2.大蒜剥皮，葱洗净切丝。

3.锅中加3碗水煮开，加入鱼和大蒜用大火煮开，转中小火煮至鱼肉熟嫩，加盐调味后撒上葱丝略拌即成。

养生专题 春季细菌繁生速度比较快，严重威胁着人们的健康，大蒜中含有一种"硫化丙烯"的辣素，能有效消灭细菌，其杀菌效力是青霉素的1/10，对病原菌和寄生虫都有良好的杀灭作用，春季常吃，能起到预防流感、防止伤口感染、治疗感染性疾病和驱蚊虫的作用。

生姜泥鳅汤

【材料】泥鳅200克，水发黄花菜50克，香菇5朵，胡萝卜少许，生姜1大块

【调料】盐2小匙，料酒1小匙

【做法】1.泥鳅用淀粉抓干体表黏液，宰洗干净；黄花菜切去头尾，胡萝卜洗净切片；香菇用水泡发，洗净切片；生姜洗净，去皮，切片。

2.烧锅下油，放入姜片、泥鳅煎至金黄，烹入料酒，加入开水煮10分钟。

3.加入黄花菜、香菇片、胡萝卜片再滚片刻，调入盐即成。

养生专题 生姜中含有"姜辣素"能加快心脏跳动，扩张血管、加快血液流动，促使身上的汗毛孔张开，从而达到"排毒养颜"的效果；生姜还具有缓解疲劳、乏力、厌食、失眠、腹胀、腹痛等症状的作用，尤其适合在春秋咳嗽气喘等疾病多发的时候食用。

第二节 夏之汤饮
XIAZHITANGYIN

夏季特点

"毕竟西湖六月中，风光不与四时同。接天莲叶无穷碧，映日荷花别样红。"杨万里的这首古诗道出了夏季的美。其实，夏季的美并不仅于此。人们在享受夏季绿茵遍地、红花满山的同时，也感受到了天气的烦闷。

就养生的角度来讲，夏季是人体新陈代谢最旺盛的时期，天气燥热容易使人心生烦躁，身体经常流失水分，易出现心烦、口渴、上火的感觉，令人们无暇欣赏夏天的美。在此情况下，解暑、清凉便成了人们的主要工作。有些人利用冰块降温；有人利用冰淇淋降温；有人利用冲冷水澡降温；有人利用空调或电风扇降温……总之，只要是能降温的方法，人们大多都用上了。在这种种方法中，人们却常常忽略了汤品降温这个有效方法。

养生方案

医生提醒人们，由于夏天暑热，不要图一时痛快，利用冷饮、冷浴降低体表温度，这样对身体没有好处，久而久之，会诱发多种疾病。人们在解暑的同时，不要忘记养生、保健的目的，可以采取正确的降暑方法，让自己更健康、快乐地度过炎炎夏日。

推荐食材

扁豆、绿豆、鹌鹑、薏米、山楂、乌鸡、冬瓜、黄瓜、火腿、苦瓜、萝卜、鸡肉、太子参、燕窝、莲子、熟地黄、知母、麦门冬、生石膏、茯苓、田七等。

相 关 链 接

预防中暑小窍门

◆运动适量：户外活动要适量，绝不能逞强。

◆穿浅色衣服：浅色衣服吸收热量较深色衣服少，棉及聚酯合成的衣物最为透气。

◆多洗澡：帮汗水离开人体。

◆保证充足睡眠：合理安排作息时间，不在烈日下长时间运动，不熬夜。

推荐汤品 >>

瓜 皮面筋汤

【材料】西瓜皮300克，油面筋6个，粉丝50克

【调料】盐、鸡粉、香油、清汤各适量

【做法】1.西瓜皮削去外面一层老皮，切片；油面筋切成四瓣；粉丝剪短，放入温水中泡软备用。
2.将清汤倒入锅内，大火烧开后，下入油面筋、粉丝，煮开后放入瓜皮片，再次煮开时，加入盐和鸡粉，淋入香油即可。

养生专题　西瓜的营养价值很高，有"瓜中之王"的美称，由于西瓜中含有大量的水分，具有清热、解暑、润肺等作用，是夏季解暑的水果之一。

[重点提示]夏季不宜吃冷藏时间太长的西瓜，因为本身属凉性食物，否则容易伤脾胃。

冬 瓜海鲜汤

【材料】冬瓜连皮150克，虾仁、鱿鱼各60克，海参50克，香菇5朵，嫩姜2片

【调料】香油少许，盐适量

【做法】1.海参去内脏，用清水清洗干净，切粗条；香菇泡软，去蒂；虾仁去虾线，洗净；鱿鱼洗净，切交叉刀纹再切块备用；姜丝去皮，洗净，切丝备用；冬瓜洗净，切块。
2.把姜、冬瓜块一起放入锅中，加适量清水，煮至八分熟，用盐调味，再加入其他材料煮熟，起锅前淋入香油即可。

养生专题　冬瓜有良好的清暑功效。夏季多吃能起到解暑消渴，利尿的作用。而冬瓜外皮也具有很好的利水作用，含有丰富的营养物质，大多数人食用冬瓜时，都会将皮去掉，这未免有些可惜。

茭白草菇汤

【材料】茭白200克，草菇100克，葱段、姜片各适量

【调料】料酒、高汤、盐、鸡粉各适量

【做法】1.茭白去皮洗净，切成斜圆片，放入沸水中汆烫，捞出过凉；草菇洗净切片备用。

2.油锅烧至六成热，放入姜片煸香，再放草菇片煸炒片刻，烹入料酒，倒入高汤，大火烧开后，下入茭白片、葱段、盐，开锅后用鸡粉调味即可。

养生专题

茭白又名茭笋，不但味道鲜美，而且有很高的营养价值，容易被人体吸收。中医认为：茭白性寒味甘，适合夏季食用，具有利尿祛水，清暑止渴的作用，不仅如此，还能有效缓解酒毒，保护肝脏；茭白可退黄疸、通乳汁，对于黄疸型肝炎和产后缺乳有一定的食疗作用。

芥菜肉片汤

【材料】芥菜心400克，里脊肉200克，姜丝1大匙

【调料】盐1小匙，水淀粉2小匙，高汤2碗

【做法】1.芥菜心洗净，切大斜片。

2.芥菜心放入开水中汆烫后捞起，再以冷水过凉。

3.里脊肉切大薄片，拌入水淀粉及半小匙盐略腌。

4.高汤加5小碗水后放入芥菜心，待煮滚时，将里脊肉放入，再度煮开后，以半小匙盐调味，并撒上姜丝即可盛出。

养生专题

夏天吃太多的肉类食物，会使内脏发热，影响健康，但是，一些肉类食品中含有的蛋白质，又是人体必需的营养物质，不得不吃。芥菜对排出内脏热量、吸收脂肪、防止脂肪囤积有很好作用。因此，夏季可多食用些芥菜，这对身体百利而无一害。

黄花豆芽汤

【材料】干黄花菜、粉丝各20克，绿豆芽100克，姜丝、葱丝各适量

【调料】盐、鸡粉、香油、清汤各适量

【做法】1.将干黄花菜洗净泡发；绿豆芽择去根、须，洗净汆烫；粉丝剪断用热水泡软。

2.油锅烧至六成热，放入姜丝煸出香味，倒入适量清汤，大火烧开后，放入粉丝，再次烧开后下入黄花菜、绿豆芽，汤锅煮沸后，加入适量的盐和鸡粉，淋入香油，撒上葱丝即可。

养生专题 黄花菜是营养丰富的滋补品，含有多种糖类、氨基酸、膳食纤维，能为人体提供必需的营养元素，是夏季的时鲜菜。

[重点提示]由于鲜黄花菜里含有秋水仙碱，会引起人体中毒，不宜生吃。

三色清暑汤

【材料】番茄、鸡蛋各1个，黄瓜1根，葱花少许

【调料】盐、鸡粉、香油各少许

【做法】1.番茄洗净，过开水，去皮切片；鸡蛋打入碗中搅拌均匀；黄瓜洗净切成斜片，备用。

2.将油锅烧热，投入葱花，炒出香味后，倒入适量的清水，大火烧开，放入黄瓜片、番茄片，再次烧开后，倒入蛋液，顺时针推匀成大片蛋花，再以适量的盐、鸡粉、香油调味即可。

养生专题 《本草纲目》中记载，黄瓜有清热、解渴、利水、消肿的作用。炎热的夏季，人体内的水分会伴随汗液排出体外，人体会出现饥渴难耐的现象，黄瓜中含有大量的水分，加之味道清香，是夏季最好的蔬菜之一；常食黄瓜，还可达到美容的目的，黄瓜能有效改善因日晒引起的皮肤发黑、粗糙等现象。

豆花鸡蛋汤

【材料】扁豆花5克，鸡蛋2个

【调料】白糖少许

【做法】1.将扁豆花洗净；鸡蛋煮熟。

2.将煮熟的鸡蛋去壳，与扁豆花一起放入煲内，加入清水适量，烧开后用小火煲熟。

3.最后用白糖调味即可。

 养生专题 扁豆花中的营养成分很多，是扁豆开的花，有化湿解暑的作用，主要用于夏季暑热、发热、心烦、胸闷、吐泻等症。

[重点提示] 用扁豆花煲汤，时间不宜过长，否则会损害其中的营养成分，但要保证材料熟透才可食用。

圆莲子羹

【材料】桂圆100克，鲜莲子200克

【调料】冰糖、白糖、水淀粉各适量

【做法】1.将桂圆放入凉水中洗净，捞出控干水分；鲜莲子去莲子心，洗净，放在开水锅中汆透，捞出冲凉。

2.锅内放入清水，加白糖和冰糖，烧开撇去浮沫，把桂圆和莲子放入锅内煮熟，用水淀粉勾薄芡，盛入大碗中即成。

养生专题 夏季气温较高，人容易出现心烦、急躁、睡眠质量下降等情况，莲子有清心除烦、静心凝神的作用，与桂圆一同煲汤，对夏季失眠、心烦等症，有较好的改善作用。

毛豆仁丝瓜汤

【材料】毛豆仁 100 克，丝瓜 300 克，姜适量

【调料】盐、料酒、香油、味精各适量

【做法】1.毛豆仁清洗干净；丝瓜去皮，清洗干净，切成滚刀块，放碗内，撒上盐。

2.将处理好的毛豆放入锅内，加入适量的清水，大火烧开后，改小火慢煮10分钟，再换成大火煲煮。

3.锅内汤料大开时，放入料酒、姜，再次开锅后撇去浮沫，下入盐、丝瓜，开锅后去姜块，用味精、香油调味即可。

养生专题

毛豆中膳食纤维含量较少，热量较低，夏天食用可清热解暑，消除烦躁；丝瓜性味甘平，又有清暑凉血，解毒通便，祛风化痰的作用。毛豆与丝瓜结合煲汤，适宜夏季饮用。

苦瓜肋排煲

【材料】猪肋排500克，苦瓜120克，咸菜30克

【调料】味精适量

【做法】1.猪肋排用温水洗净，斩成小块，放沸水锅中汆烫，去血水，捞出备用。

2.苦瓜去皮、瓤，洗净，切成小块；咸菜洗净。

3.将猪肋排放入瓦罐中，倒入足量清水，用小火煲1小时后放入苦瓜、咸菜。

4.中火煮15分钟后，加味精调味即可。

养生专题

夏季气候炎热，万物生长茂盛，此时人体的气血趋向体表，表现为阳气盛而阴气弱，在进行饮食调理时，应注意顺应机体所需。苦瓜能清心，又能开胃，夏季气温较高，心火易起，胃口不佳，苦瓜性寒，具有清心解暑及增强食欲的功效，特别适合夏季食用。其中富含的蛋白质成分，还能有效提高人体免疫力，使机体免受细菌侵袭。

第三节 秋之汤饮

QIUZHITANGYIN

● 秋季特点 ●

秋季天气比较干燥，身体上会出现种种不适，如：皮肤干燥起皱、口干舌燥、干咳痰少等。此时，细菌容易侵染人体肺部器官，诱发多种疾病。

"白露秋分夜，一夜冷一夜"，白露时节，夏季酷热的天气已经消退，虽然有时白天的温度比较高，但夜间往往让人们感到凉意袭人，有句谚语说"白露身勿露，免得着凉与泻肚"，言外之意是告诉人们要注意保暖与保健，以免生病。

● 养生方案 ●

现代医疗气象学家认为，入秋以后，人们应及时调整生活习惯，合理安排饮食，随着气温的变化适当地增减衣服，避免天气变化对人体健康造成影响，平安度过"多事之秋"。

从养生的角度讲，秋季是丰收的季节，也是补养身体的最佳时节。懂得保养的人，不仅可利用秋季这个大好时节，将夏天丢失的体力与精力弥补回来，还能让自己拥有一个良好的状态迎接寒冷的冬天。其实，保养的方法并非多么深奥，只不过是一款营养丰富、味道鲜美的汤品，就能达到补充能量，抵抗疾病入侵的效果。

● 推荐食材 ●

萝卜、田螺、白扁豆、鸭、乌鸡、猪心、梨、大枣、黑豆、党参、枸杞子、陈皮、白术、山药、女贞子、玫瑰花等。

吃秋梨解秋燥

素有"百果之宗"的梨对秋燥症有其独特的疗效。梨不仅能生津止渴，润燥化痰，润肠通便，还有清热、镇静神经的功效。实验证明，干燥的秋季容易使人产生焦躁感，情绪容易陷入低潮，专家建议人们，应及时调节不良心态，注重秋季保健。

推荐汤品 >>

煎 蛋白菜虾仁汤

【材料】鲜虾仁5只，菠菜50克，番茄、白菜心各100克，鸡蛋2个，姜丝、葱丝各适量

【调料】化猪油2小匙，盐1小匙

【做法】1.鲜虾仁挑去沙肠，洗净，入沸水中氽烫至熟；菠菜洗净，氽烫后切段；番茄洗净，切片；鸡蛋液打散；白菜心切块。

2.锅内放化猪油烧热，倒入鸡蛋液煎炒，加水煮沸，下菠菜叶、番茄煮开，捞出放碗内垫底，放入虾仁，倒入原汤，撒姜丝、葱丝即可。

养生专题

白菜具有很高的营养价值，有"百菜不如白菜"的说法。秋季空气比较干燥，人们的皮肤比较容易受伤，白菜中含有丰富的维生素，多吃可起到很好的护肤及养颜的作用。

绿 豆炖老鸭

【材料】老鸭半只，绿豆50克，莴笋300克，枸杞子、姜块、葱结各适量

【调料】盐、料酒各适量

【做法】1.老鸭洗净斩块，入沸水中氽烫去血水，捞出备用；莴笋去皮洗净，切块；枸杞子用温水泡发；姜去皮，洗净，拍破备用。

2.将鸭块、姜块、葱结一同放入锅中，加入适量的清水，大火煮沸后，撇净浮沫，改小火炖10分钟。

3.将绿豆、枸杞子、盐、料酒一同放入锅中，继续煲煮，直至绿豆熟烂时，捞出姜片、葱结，下莴笋块，煮熟后即可。

养生专题

老鸭汤有很好的滋补功效；绿豆不仅能降低夏天的暑热，还可以清除秋天的燥热；莴笋性味甘、凉，口感清爽，特别适合干燥的秋季食用。本汤品将两种具有清燥热功效的食材，与老鸭一起煲汤，保健功效更好。

耳雪梨汤

【材料】木耳20克，雪梨2个，瘦肉200克，无花果、蜜枣各4颗

【调料】盐适量，陈皮1块

【做法】1.木耳用温水泡发，去蒂洗净；雪梨洗净，去核，切块；瘦肉洗净，切块，过滚水汆烫，过凉水后备用；陈皮洗净。

2.净锅置于火上，倒入适量的清水，将全部材料一同放入锅中，大火烧开后，改小火煲1.5小时，用盐调味即可。

 卜粉丝煲

【材料】鸡肉150克，白萝卜250克，粉丝50克，葱花、葱段、生姜各适量

【调料】熟猪油、料酒、盐、鸡粉各适量

【做法】1.用温水清洗鸡肉，切成小方块。

2.粉丝用热水浸软；白萝卜洗净，切成小块。

3.净锅置于火上，烧热后放入猪油，待油烧至七成热时，把葱段、生姜片投入锅中，炒出香味后，下鸡块，翻炒片刻，加料酒、盐，翻炒均匀后，注入适量的清水，烧沸后，撇去浮沫，去葱、姜，倒入瓦罐中。

4.将瓦罐置于火上，投入萝卜块，中火慢煲1小时后，再把粉丝、盐、鸡粉放入瓦罐内，盖好焖煮5分钟撒葱花即可食肉、喝汤了。

养生专题 木耳的营养价值很高，可提高人体免疫力；雪梨性寒，具有滋阴润燥，清心润肺的作用，该汤品集这两种材料的优点，具有生津止渴，润肺化痰之功效。适合于经常上火、肺热咳嗽痰淤者服用，也是秋季滋养佳品。

养生专题 秋季天气干燥，身上肌肤会感到干涩不适，起皱纹。这说明机体需要补充水分了。有些人可能听说过这样一种说法"十月萝卜小人参"，言外之意是告诉人们，萝卜具有很强的滋补功效。由于萝卜产于秋季，因此润燥功能便成了它的专长，特别适合用于秋季保健。

沙参肉鸽汤

【材料】肉鸽500克，沙参、玉竹各20克，葱段、姜片各适量

【调料】盐、鸡粉各适量

【做法】1.肉鸽除内脏洗净，控干血水，斩成块，投入沸水中氽烫，捞出备用；沙参、玉竹洗净，用温水泡软备用。

2.砂锅内放入适量的清水，大火烧开后放入肉鸽、沙参、玉竹、葱段、姜片，开锅后改小火焖煮，2小时后用盐、鸡粉调味即可。

养生专题 肉鸽味道鲜美，营养丰富，有"一鸽胜九鸡"之美誉。鸽肉中含有大量蛋白质和多种氨基酸，是滋补佳品；玉竹又名尾参，性甘，味微苦，是药食同源之品，具有养阴润燥，生津止渴之功效，常期食用可补血益气，滋阴润肺，养胃生津。因此，该汤品有滋阴益气，清热解毒，生津润燥，润肺养肺之功效，最适宜秋季进补。

田螺老鸭煲

【材料】田螺500克，老鸭1只，姜、葱各适量

【调料】料酒、盐、味精各适量

【做法】1.田螺用清水泡48小时，吐净泥沙后，取螺肉，洗净备用。

2.老鸭宰杀去毛、内脏，洗净后，放沸水锅中氽烫去血水，捞出备用。

3.将螺肉及葱、姜填在鸭腹中，放瓦罐内，加清水、料酒、盐，大火煮沸后改小火慢煮，直至鸭肉熟烂为止。

4.取出鸭腹中的葱、姜，将老鸭放回锅中，用味精调味即可。

养生专题 入秋后，田螺肥嫩，营养更为丰富，是秋天很好的补品。螺肉中含有大量的蛋白质，而脂肪含量却非常低，非常适合肥胖者食用；螺肉还可以补充人体所需的维生素B_1，经常食用可增强肌肉弹性，使皮肤光滑细嫩。

萝卜丸子汤

【材料】白萝卜500克，羊肉馅300克，鸡蛋1个，葱花适量

【调料】水淀粉、胡椒粉、味精、香菜叶、盐各适量

【做法】1.将萝卜洗净去皮，切成细丝；羊肉馅内加入鸡蛋、葱花、水淀粉和少许盐、味精，制成肉馅备用。

2.锅内加水烧开后转成中火，将肉馅制成小丸子投入锅中，开锅后放入萝卜丝。

3.再次开锅后，将汤盛入汤碗中，撒入香菜即成。

养生专题 白萝卜的营养成分主要是蛋白质、脂肪、糖类、B族维生素和大量的维生素C以及钙、磷、铁和多种酶与膳食纤维，可以增强抵抗力，预防感冒；萝卜有许多药用价值，民间说"萝卜能止咳顺气消食化水"。入秋吃萝卜，有助于消除人体在酷暑中郁积的毒热之气。

山药薏米汤

【材料】山药300克，薏米50克，鸡蛋1个，葱花适量

【调料】高汤、水淀粉、盐、鸡粉各适量

【做法】1.将山药去皮，洗净，切成小丁；薏米洗净后煮熟备用；鸡蛋去壳，打散。

2.锅内倒高汤，放山药、薏米，大火烧开后改小火慢炖1小时，用水淀粉勾薄芡，再加入适量的盐和鸡粉，搅拌均匀后，淋入蛋液，撒上葱花即可。

养生专题 薏米富含多种维生素和矿物质，具有促进新陈代谢和减少胃肠负担的作用，常食能有效缓解慢性肠炎、消化不良等症；薏米还具有补肾的功能。现代医学研究表明，薏米中含有硒元素，能有效抑制癌细胞的增殖，对辅助治疗胃癌、子宫颈癌有很好的作用；薏米中含有一定量的维生素E，还有滋润美容的功效。秋季天气干燥，可多吃些薏米。

第四节 冬之汤饮
DONGZHITANGYIN

冬季特点

入冬以后，天气骤然变冷，草木凋零、冰冻虫伏，自然界的万物都进入了闭藏的季节，人当然也不例外。按照中医的说法，冬天人体内阳气潜藏，滋补时应以敛阴护阳为主。尤其是年老体弱的人，应该养成早睡晚起的好习惯，待阳光充足后再外出锻炼，以免损及体内阳气而患感冒。从养生的角度看，冬至过后，阳气回升、阴气消退，此时是滋补的大好时机。不管采取什么方式滋补，都能达到强身健体的作用。其实，滋补方式无非两种，一种是食补，另外一种是药补，但药补不如食补，寒冷的冬季，如果能喝上一碗营养丰富、热气腾腾的汤品，不但能暖身驱寒、强身健体，更能让奔波劳碌的人们体会到家的温暖。

养生方案

冬季温度比较低，人体热量容易散失，此时需要补充的营养成分比较多，但进补时还要讲究一定的原则。营养专家认为，冬季忌大补，尤其是身体虚弱的人、病人，在补养身体时，还应听从医生的建议。

推荐食材

山药、芝麻、核桃、牛肚、芋头、红薯、羊肉、羊骨头、牛肉、鹿肉、狗肉、虾、韭菜、木耳、龟、菠菜、豆芽、枸杞子、杏仁、百合、莲子、肉苁蓉、菟丝子、金英子、杜仲等。

相 关 链 接

治疗冻疮有绝招

冬天气温低，人们容易生冻疮，以下几种方法，可有效治疗冻疮：

◆用热盐水浸泡患处15分钟，连续1周。

◆初生冻疮时，每天晚上用电吹风边吹边揉，持续一星期。

◆用云南白药涂抹在伤处。冻疮未溃破者，可以将白酒与云南白药混合，搅拌均匀后涂在患处，并注意保温。冻疮已溃破者，可以将云南白药直接涂于溃烂处，涂抹前将患处清洗干净，然后用消毒纱布包扎，数日内可愈。

推荐汤品 >>

 肉什锦汤

【材料】牛肉末200克，洋葱丁、当季蔬菜丁各适量

【调料】A：水2大匙，生抽1大匙，淀粉1小匙，白糖、香油、胡椒粉各少许

B：盐、胡椒粉各少许

【做法】1.将蔬菜丁汆烫后，沥干水分，备用。

2.牛肉末加入调料A拌匀，略腌，待用。

3.用少许热油，将洋葱丁炒至香，放入腌透的牛肉末，略爆炒，加入蔬菜丁，并注入清水滚片刻至材料熟及汤浓时，加调料B即可。

养生专题 牛肉中含有丰富的蛋白质，其中所含有的氨基酸更贴近人体需求；蔬菜中又含有大量的维生素和矿物质，该汤品将牛肉与多种蔬菜结合煲汤，既能保暖强身，又能满足人体所需的营养元素。

 手排骨汤

【材料】猪排骨、佛手瓜各300克，杏仁20克，姜片、葱段各适量

【调料】料酒、盐各适量

【做法】1.将猪排骨洗净剁成小块，放入沸水中汆烫，去血水；佛手瓜洗净切块；杏仁用温水泡软备用。

2.锅内倒入适量清水，将处理好的猪排骨、杏仁、姜片、葱段、料酒一同放入锅中，大火烧开后改用小火慢煲，1小时后放入佛手瓜块，大火烧开后改小火煲，半小时后用盐调味即可。

养生专题 冬季天气寒冷，容易感冒，久咳不止，杏仁可以润肺止咳；佛手瓜在瓜类蔬菜中营养非常全面，常食可提高人体抵抗力，其主要功效为理气扶正，还能滋润解燥，帮助消化。此汤适合于伤风不愈、久咳不愈者服用。

牛肉蛋花汤

【材料】牛肉200克，蔬菜（胡萝卜、玉米、豌豆等）50克，鸡蛋2
个，葱花、香菜末各1小匙

【调料】A：盐、鸡粉、淀粉各1小匙

B：香油少许，水淀粉1大匙

【做法】1.牛肉切小片，用调料A拌入味，鸡蛋打散。

2.水烧开后放蔬菜，待开，加牛肉拌开，水淀粉勾芡，打蛋花，加
香油、葱花、香菜即可。

养生专题　牛肉是适合寒
冬食用的食品，
该汤品很适合
冬季食用，牛
肉在其中发挥了御寒
保暖的作用。

胡椒萝卜汤

【材料】白萝卜300克，排骨200克，大蒜
适量

【调料】花椒、胡椒粉、盐各适量

【做法】1.排骨洗净，斩成小块，放入沸水
中汆烫去血水，备用。

2.白萝卜洗净，去皮，切成块，放入沸水
锅中汆烫，捞出备用。

3.将排骨、白萝卜、大蒜、花椒一同放入
砂锅中，再注入适量的清水，大火煮开后
改小火煮，直至熟烂，放胡椒粉、盐调味
即可。

养生专题　萝卜有行气通便的功效，被称作
肠道的"清道夫"；而胡椒性温
热，能温中散寒，对因胃寒所致
的胃腹冷痛、肠鸣腹泻有很好的
缓解作用。胡椒又有黑白之分，白胡椒
具有很强的药用价值，可散寒、健胃；
黑胡椒的辣味较浓，适合调味用。该汤
将胡椒与萝卜结合煲汤，即可清理肠
胃，又能驱寒保暖，非常适合冬季食用。

菜羊肉汤

【材料】 木瓜1个，羊肉200克，油菜50克，生姜1小块

【调料】 盐、高汤各适量，料酒、胡椒粉各少许

【做法】 1.将木瓜去皮、子，切片；羊肉切薄片后用料酒、胡椒粉腌好；生姜去皮切丝；油菜洗净。

2.锅内烧油，下入姜丝炝香锅，注入适量高汤，用中火烧开，投入木瓜、羊肉，滚至八成熟，再加入油菜，调入盐，用中火煮透入味即可。

养生专题　羊肉性味甘温，适合冬季食用，有助元阳，补经血的功效。木瓜羊肉汤能够养血补精、益气补虚，最适合寒体女性饮用。

 菜豆腐辣酱汤

【材料】 白菜200克，豆腐1块，红辣椒2个

【调料】 辣酱2大匙，醋、白糖各少许，味精半小匙，料酒1大匙，高汤适量

【做法】 1.白菜洗净，汆烫，捞出冲凉，挤干水分，切段。

2.豆腐切小块，汆烫；红辣椒洗净，去子切丁。

3.油锅烧热，放入白菜、红辣椒丁、料酒、醋、白糖、辣酱翻炒2分钟，加高汤、豆腐及味精，煮开入味即可。

养生专题　辣椒味辛，性温，能够促进发汗，驱散寒冷，还具有强烈的促进血液循环的作用，并且含有丰富的维生素C，可改善怕冷、冻伤、血管性头疼等症状。非常适合冬季食用。

瓜莲子煲鲫鱼

【材料】木瓜1个(约500克)，莲子20克，鲫鱼2条(约400克)

【调料】盐适量

【做法】1.把鲫鱼洗净，去肠脏，放入油锅中，用慢火稍煎至微黄。

2.莲子去心洗净，用清水浸泡片刻；木瓜洗净后去皮，切成块状，备用。

3.把木瓜、莲子、鲫鱼一起放入瓦煲内，加入清水，先用大火煲沸后，改用小火煲2小时，调入适量盐即可。

养生专题 由于木瓜性温，不寒不燥，非常适合在干燥的冬季食用；鲫鱼又具有健脾利湿，和中开胃的作用，二者相互结合，使本汤气味清甜、香润，具清心润肺，健脾益胃的功效，为秋冬干燥季节的清润汤品，同时也适用常见疾病的愈后滋补。

羊肚菌枸杞汤

【材料】羊肚菌200克，枸杞子数粒

【调料】高汤1碗，鲫鱼汤半碗，盐1小匙

【做法】1.羊肚菌洗净，入沸水中氽烫，捞出过凉，挤干水分，用手撕成条。

2.锅内加高汤、鲫鱼汤烧开，加入羊肚菌、枸杞子煮至入味，加盐调味，装入功夫茶器皿中，食用时倒入茶碗自斟自饮即可。

养生专题 羊肚菌是野生食用菌，肉质鲜嫩，香甜可口，具有益肠胃，助消化和理气化痰等功效，还能驱风治寒，冬季食用更佳。

辣味牛杂汤

【材料】牛下水（心、肝、肚）、牛骨头共400克，牛头肉、牛腿肉各80克，葱末适量

【调料】辣椒粉、胡椒粉、盐各适量

【做法】1.将牛心、牛肝、牛肚去筋膜污物，用盐、醋搓洗，浸泡半天后，捞出，冲洗多次，使其无杂质、无异味；将牛头肉、牛腿剔净小毛备用。

2.将牛骨洗净，砸断，放入锅中，加足量的水炖煮约2小时，制成牛骨浓汤。

3.将洗净的牛下水、牛头肉、牛腿放入浓汤中，加适量水，先用旺火烧沸撇去浮末，再改用小火焖煮1小时。

4.食用时，将牛杂碎、牛头肉、牛腿肉放入碗中，再把葱末、辣椒粉、胡椒粉、盐都放入汤锅中，搅匀后浇在牛杂上即可。

养生专题

牛肉脂肪含量很低，但它却是低脂亚油酸的来源，同时还是潜在的抗氧化剂。性温热的胡椒粉，与辣椒粉搭配食用，辣味更加浓烈，驱寒效果更加明显。

肝片玉兰汤

养生专题

冬季天冷，血液循环较慢，猪肝有滋阴补血的功效，冬季食用，可帮助人体补血，及时将营养物质传递到身体的各个器官，帮助其他器官的正常运行。

【材料】猪肝300克，莴笋50克，玉兰片100克，葱花适量

【调料】高汤、料酒、盐、鸡粉、胡椒粉各适量

【做法】1.将猪肝洗净，除杂物后，切成条，放入盐水中去血沫，再放入沸水中汆烫，捞出沥干；玉兰片洗净切成片，放进清水中浸泡；莴笋去皮，洗净切片。

2.把高汤倒入砂锅内，烧开后，再放入玉兰片、莴笋片、料酒，再次烧开后，撇去浮沫，放入猪肝片，搅拌后，加入适量的盐、鸡粉、胡椒粉、葱花，小火焖煮30分钟，加盐调味即可。

图书在版编目(CIP)数据

汤饮养生堂1000例/养生堂膳食营养课题组编著．－北
京：中国轻工业出版社，2012.9
（彩读养生馆）
ISBN 978-7-5019-6147-4

Ⅰ.汤… Ⅱ.养… Ⅲ.汤菜－食物养生－菜谱 Ⅳ.
R247.1 TS972.122

中国版本图书馆CIP数据核字（2007）第147353号

责任编辑：翟 燕　　责任终审：唐是雯　　责任监印：胡 兵
策划编辑：王恒中　　装帧设计：旭 晖
文字编辑：张海媛　　美术编辑：成 馨

出版发行：中国轻工业出版社（北京东长安街6号，邮编：100740）
印　　刷：北京博艺印刷包装有限公司
经　　销：各地新华书店
版　　次：2012年9月第1版第11次印刷
开　　本：787×1092　1/16　印张：18
字　　数：260千字
书　　号：ISBN 978-7-5019-6147-4/TS·3589　　定价：29.90元
读者服务部邮购热线电话：010-65241695　010-85111729　　传真：010-85111730
发行电话：010-85119845　65128898　传真：010-85113293
网　　址：http://www.chlip.com.cn
Email：club@chlip.com.cn
如发现图书残缺请直接与我社读者服务部联系调换